2023 年

汉江秋季暴雨洪水与丹江口水库调度

官学文　李玉荣　等◎著
时毅军　董付强

长江出版社
CHANGJIANG PRESS

图书在版编目（CIP）数据

2023 年汉江秋季暴雨洪水与丹江口水库调度 / 官学文等著.

武汉：长江出版社，2024. 11. -- ISBN 978-7-5492-9931-7

Ⅰ．TV122；TV697.1

中国国家版本馆 CIP 数据核字第 2024HE5788 号

2023 年汉江秋季暴雨洪水与丹江口水库调度

2023NIANHANJIANGQIUJIBAOYUHONGSHUIYUDANJIANGKOUSHUIKUDIAODU

官学文等　著

责任编辑：	郭利娜	
装帧设计：	彭微	
出版发行：	长江出版社	
地　　址：	武汉市江岸区解放大道 1863 号	
邮　　编：	430010	
网　　址：	https://www.cjpress.cn	
电　　话：	027-82926557（总编室）	
	027-82926806（市场营销部）	
经　　销：	各地新华书店	
印　　刷：	武汉市卓源印务有限公司	
规　　格：	787mm×1092mm	
开　　本：	16	
印　　张：	8.5	
字　　数：	210 千字	
版　　次：	2024 年 11 月第 1 版	
印　　次：	2024 年 11 月第 1 次	
书　　号：	ISBN 978-7-5492-9931-7	
定　　价：	86.00 元	

前　言

汉江又称汉水，是长江中游最大的支流。古有"楚塞三湘接，荆门九派通"勾勒汉江景色的雄浑壮阔，今有"一泓清水永续北上"谱写汉江润泽华北大地的千秋福祉。汉江流域地势西高东低、气候温和多雨，易形成洪水。历史上汉江洪水灾害频繁，准确、完整地记录历次汉江洪水发生、发展和应对的全过程，为后续洪水应对提供借鉴和参考价值是本书编写的重要意义。

2023 年，汉江流域发生了 5～10 年一遇秋季洪水，对水库群调度过程还原后，丹江口水库最大 7 天洪量接近秋季 5 年一遇，皇庄站洪峰流量接近秋季 5 年一遇，最大 7 天洪量超过 5 年一遇，丹江口—皇庄区间最大 7 天洪量超过 5 年一遇，接近 10 年一遇。本次秋汛洪水总体呈现洪水过程集中、上游洪水与区间来水遭遇、洪水变化急剧等特点，造成了汉江中下游宜城以下江段全线超警戒，超警幅度 0.15～1.02m，超警历时 2～4 天。为做好 2023 年汉江秋汛防御工作，秋汛洪水发生后，防汛部门依据水文气象情报预报信息，科学合理调度洪水，充分发挥水库群拦洪、削峰、错峰作用，累计拦洪约 17.5 亿 m^3，其中丹江口水库拦洪约 13.1 亿 m^3，有效避免上中游洪水严重遭遇，将皇庄站洪峰流量从 20000m^3/s 降低至 13000m^3/s，降低汉江中下游主要控制站最高水位 0.7～1.5m，避免了仙桃—汉川河段超保证水位及杜家台蓄滞洪区分洪道运用，缩短了主要控制站水位超警戒时间 5～11 天；统筹了防洪安全和蓄水，丹江口水库大坝加高后继 2021 年以来第二次蓄满，为确保南水北调中线工程和汉江中下游供水安全奠定了坚实基础。

前　言

　　本书全面系统介绍了 2023 年汉江暴雨洪水发展过程及特点、与历史典型秋季洪水对比分析、预报预警技术及水平、水库调度决策及效益等方面的内容，并对长期气候预测技术革新、洪水资源化利用能力提升、水库群联合优化调度水平提高等问题进行了较深入分析。本书由官学文、时毅军、李玉荣、董付强等编著，参与本书编写工作的还有徐雨妮、丁洪亮、马艺铭、胡永光、周文静、杨海从、徐强强、李加乐、龚志惠。许银山、訾丽、顾丽、张潇、牛文静、杨雁飞、曾明、严方家、杨欣玥、田逸飞、童冰星、王正华、崔震、刘鑫、蒯沐钦等参与了本书相关的研究工作。许银山对本书进行了校核与审查，徐雨妮负责全书统稿、修改及图表编辑。本书由汉江水利水电（集团）有限责任公司和长江水利委员会水文局编著，并得到了长江水利委员会水旱灾害防御局、水资源管理局、南水北调中线水源有限责任公司等部门和单位的大力支持，是汉江流域广大防汛工作者共同的劳动成果。限于资料、时间、水平，本书的错误之处在所难免，恳请读者批评指正！

作　者

2024 年 11 月

目 录

CONTENTS

第1章　汉江防洪减灾体系 ·· 1

1.1　汉江流域概况 ··· 1

1.1.1　自然地理 ··· 1

1.1.2　水文气象 ··· 1

1.1.3　历史洪水 ··· 2

1.2　汉江防洪工程体系 ··· 3

1.2.1　堤防 ··· 3

1.2.2　水库 ··· 4

1.2.3　蓄滞洪区 ··· 4

1.2.4　分洪道 ··· 5

1.2.5　河道整治工程 ··· 6

1.2.6　汉江现状防洪能力 ··· 6

1.3　汉江防洪非工程体系 ··· 7

1.3.1　监测预报体系 ··· 7

1.3.2　汉江洪水防御方案体系 ····································· 10

1.3.3　信息化系统建设 ··· 15

第2章　2023年汉江雨水情 ·· 16

2.1　降雨概况 ··· 16

2.1.1　全年降水 ··· 16

2.1.2　汛前期（1—5月）降水 ····································· 18

2.1.3　主汛期（6—8月）降水 ····································· 19

2.1.4 秋汛期（9—10 月）降水 ……………………………… 20

2.1.5 汛后期（11—12 月）降水 ……………………………… 21

2.2 水情概况 ………………………………………………………… 22

2.2.1 全年来水 …………………………………………………… 22

2.2.2 汛前（1—5 月）来水 …………………………………… 22

2.2.3 夏汛期（6—8 月）来水 ………………………………… 23

2.2.4 秋汛期（9—10 月）来水 ……………………………… 23

2.2.5 汛后期（11—12 月）来水 …………………………… 24

2.3 暴雨洪水特征 ………………………………………………… 24

第 3 章 2023 年汉江秋季暴雨分析 ……………………………… 29

3.1 气候背景及天气成因 ……………………………………… 29

3.1.1 前期海温由冷转暖 ……………………………………… 29

3.1.2 中高层环流形势稳定、冷空气活跃 ………………… 30

3.1.3 副热带高压偏西偏强 …………………………………… 32

3.1.4 水汽输送强盛 …………………………………………… 34

3.1.5 台风影响频繁 …………………………………………… 36

3.2 暴雨发展过程 ………………………………………………… 38

3.3 暴雨特征统计 ………………………………………………… 41

3.3.1 过程累计雨量笼罩范围 ………………………………… 41

3.3.2 过程累计面雨量 ………………………………………… 41

3.3.3 日最大面雨量 …………………………………………… 41

3.4 暴雨时空分布 ………………………………………………… 42

3.4.1 在时间分布方面 ………………………………………… 42

3.4.2 在空间分布方面 ………………………………………… 42

3.4.3 在降雨强度方面 ………………………………………… 44

3.5 暴雨特点 ……………………………………………………… 45

3.6 与典型年秋季暴雨过程比较 …………………………… 46

3.6.1 雨带移动过程、走向及强降雨集中时间对比 …… 46

3.6.2　主雨带位置、累计雨量及笼罩面积对比 ················· 48

第 4 章　2023 年汉江秋季洪水分析 ···························· 51

4.1　洪水发展过程 ·· 51

4.2　洪水要素特征 ·· 55

4.3　洪水地区组成 ·· 56

4.3.1　丹江口入库洪水组成 ································· 56

4.3.2　皇庄站洪水组成 ····································· 57

4.4　中下游主要控制站水位流量关系 ····················· 59

4.4.1　黄家港水文站 ······································· 59

4.4.2　余家湖水文站 ······································· 60

4.4.3　皇庄水文站 ··· 61

4.4.4　仙桃水文站 ··· 62

4.5　洪水还原与定性 ·· 64

4.5.1　洪水还原 ··· 64

4.5.2　洪水定性 ··· 68

4.6　洪水特点 ·· 70

4.7　与历史典型秋季洪水比较 ································ 71

第 5 章　水文预报预警 ···································· 75

5.1　水文气象站网与信息共享 ································ 75

5.1.1　水文气象站网 ······································· 75

5.1.2　信息报送与共享 ····································· 77

5.2　水文气象预报技术体系 ·································· 78

5.2.1　降水预报 ··· 78

5.2.2　洪水预报 ··· 83

5.3　降水预报 ·· 87

5.3.1　长期降水预报 ······································· 87

5.3.2　中期降水预报 ······································· 88

5.3.3　短期降水预报 ······································· 90

5.4 洪水预报预警 ………………………………………………… 98

    5.4.1 短期水情预报 …………………………………………… 98

    5.4.2 中期水情预报 ………………………………………… 104

    5.4.3 洪水预警 …………………………………………… 105

第 6 章 丹江口水库实时预报调度 …………………………… **107**

6.1 汛前消落 …………………………………………………… 107

6.2 汛期动态控制 ……………………………………………… 108

6.3 秋汛洪水调度 ……………………………………………… 109

6.4 调度效益 …………………………………………………… 115

    6.4.1 防洪效益 …………………………………………… 115

    6.4.2 供水效益 …………………………………………… 116

    6.4.3 发电效益 …………………………………………… 120

    6.4.4 生态效益 …………………………………………… 121

第 7 章 结 语 ………………………………………………… **124**

7.1 主要认识 …………………………………………………… 124

7.2 存在问题及建议 …………………………………………… 126

    7.2.1 存在问题 …………………………………………… 126

    7.2.2 建议 ………………………………………………… 127

第 1 章　汉江防洪减灾体系

1.1　汉江流域概况

1.1.1　自然地理

汉江又名汉水，发源于秦岭南麓陕西省西南部汉中市宁强县，干流流经陕西、湖北两省，于武汉市汇入长江，支流延展至甘肃、四川、重庆、河南 4 省（直辖市）。流域北以秦岭、外方山与黄河流域分界，东北以伏牛山、桐柏山与淮河流域分隔，东与府澴河相邻，西南以大巴山、荆山与嘉陵江、沮漳河为界，东南为江汉平原，与长江无明显界线。干流全长 1577km，总落差 1964m，流域面积 15.9 万 km^2；流域面积居长江支流第二位，河长居长江中游支流第一位。流域内集水面积大于 1000km^2 的一级支流有 21 条，其中面积超过 1 万 km^2 的有堵河、丹江、唐白河。

根据河道及地理形势划分，汉江丹江口以上为上游，干流长 925km，流域面积 9.52 万 km^2，落差占整个干流的 95%，水能资源较丰富；主要支流左岸有褒河、旬河、夹河、丹江，右岸有任河、堵河等。丹江口—皇庄为中游，干流长 270km，流域面积 4.68 万 km^2；主要支流左岸有小清河、唐白河，右岸有北河、南河、蛮河。钟祥皇庄以下为下游，干流长 382km，流域面积 1.70 万 km^2，主要支流为左岸的汉北河，潜江附近有东荆河分流入长江。

1.1.2　水文气象

汉江流域属东亚副热带季风气候区，气候温和湿润，全流域多年平均降水量 898mm，多年平均气温 12～16℃，多年平均水面蒸发量 973mm。

河川径流主要来自大气降水，全流域多年平均径流量 544 亿 m³（1956—2016 年系列），径流深 350mm。径流年内分配不均，年际变化大，年径流变差系数 C_v 值为 0.3～0.6，其分布趋势由西向东递增。其中，丹江口坝址多年平均入库径流量为 374 亿 m³，5—10 月占全年的 78%。干流各站最大与最小年径流量一般可差 6 倍左右，皇庄（碾盘山）最大年径流量为 1964 年的 1047 亿 m³，最小年径流量为 1966 年的 212 亿 m³，两者比值近 5 倍。

流域暴雨多发生在 6—10 月，具有前后分期的显著特点。夏季暴雨主要发生于陕西省白河县以下的堵河、南河和唐白河；秋季暴雨多发生在白河县以上的米仓山、大巴山一带。洪水由暴雨产生，与暴雨时空分布基本一致，也具有较明显的前后期特点，夏季洪水发生在 6—8 月，往往是全流域性洪水；秋季洪水发生在 9 月至 10 月上旬，一般来自上游地区。

1.1.3 历史洪水

汉江历史上的洪水灾害频繁。从历史文献、地方志等有关历史资料中记述，1822—1949 年的 127 年间汉江中下游干流堤防有 73 年发生溃决，决口 130 处，平均不足 2 年溃口一次。结合 1954 年全流域性的系统实地访问调查和 1959 年普遍复查所收集到的汉江上游沿江两岸城镇有可靠古庙碑文或刻字记载，以及可估定的洪痕高程等，足以证实为特大或大洪水年份有：1583 年、1724 年、1832 年、1852 年、1867 年、1921 年、1935 年等；实测系列中 1964 年、1983 年、2005 年、2010 年、2011 年、2017 年、2021 年等，汉江流域也发生较大洪水或大洪水；长江发生流域性大洪水的 1954 年、1998 年，汉江下游也发生了洪灾。

其中，1935 年 7 月暴雨洪水为近百年来最严重的一次，干支流洪水遭遇，造成峰高量大的特大洪水，黄家港站、襄阳站、皇庄（碾盘山）站洪峰流量分别达到 50000m³/s、52400m³/s 和 45000m³/s，郧县（现十堰市郧阳区）漫溢溃口 60 丈，襄阳城平地水深丈余，钟祥三四弓处堤防溃决口门达 7000 余米，洪水横扫汉北，直达汉口张公堤，从光化（现老河口市）到武汉两岸 16 个县（市）一片汪洋，淹没耕地 640 万亩（1 亩≈0.067hm²），受灾人口 370 万人，死亡 8 万余人。

1964 年 10 月汉江秋季洪水（约 20 年一遇），皇庄（碾盘山）、新城、仙桃洪峰流量分别为 29100m³/s、20300m³/s 和 14600m³/s，杜家台蓄滞洪区最大分洪流量 5600m³/s、分洪量 25.09 亿 m³，中游被迫扒口 7 处、分洪量达 14 亿 m³，淹没耕地约 50 万亩。

1975 年汉江中下游洪水基本由丹江口—皇庄区间（以下简称"丹皇区间"）来水形成，区间洪峰流量约 17400m³/s，洪水总量约 69 亿 m³，仅次于 1935 年区间洪水，居历史记录第二位。丹皇区间两大支流唐白河、南河相继发生了特大洪水，唐河控制站郭滩站洪峰流量 13400m³/s，大大超过历史记录，堤防溃口、站房被淹，17 座小型水库被冲垮；白河上游鸭河口水库出现 1958 年建库以来最高水位 178.50m，最大入库流量 11600m³/s，南河控制站谷城站洪峰流量 11800m³/s，也大大超过历史记录。各支流洪峰遭遇，汇合到汉江干流，致使干流出现较大洪水，杜家台分洪闸于 11—13 日开闸分洪，最大分洪流量 2900m³/s，分洪总量近 3 亿 m³，确保了汉江下游堤防安全度汛。

1983 年汉江洪灾也较为严重。1983 年 7 月，汉中、安康地区普降大一暴雨，安康实测最大流量 31000m³/s，汉江在早存隐患的城堤上冲开决口，几丈高的水头从不同方向向安康老城袭来，导致城区受淹；同年 10 月洪水，虽经丹江口水库调蓄，杜家台仍开闸分洪，邓家湖、小江湖蓄洪民垸炸堤分洪，蓄洪总量达到 37.9 亿 m³，丹江口库区 157～160m 的地区遭受淹没损失。

2021 年秋季汉江发生超 20 年一遇大洪水。8 月下旬至 10 月下旬，汉江流域共发生 8 次暴雨过程，丹江口水库接续发生 7 次入库洪峰流量超过 10000m³/s 的较大洪水过程，洪水组成以上游来水为主，同时中游支流白河鸭河口水库也发生超历史洪水。通过科学发挥干支流控制性水库群联合调度作用，成功避免了控制站水位超保证水位，以及杜家台蓄滞洪区和邓家湖、小江湖分蓄洪民垸的运用。

1.2　汉江防洪工程体系

1.2.1　堤防

堤防是汉江防洪的基础，是保障河道安全下泄洪水的重要措施。汉江流域堤防包括干流堤防、支流堤防、东荆河分流道堤防、蓄滞洪区围堤和杜家台蓄滞洪区分洪道堤防等。目前，汉江流域堤防总长约 6600km，其中，汉江干流已建堤防约 1540km，东荆河堤约 344km，杜家台蓄滞洪区分洪道堤防约 114km，支流堤防约 4600km；达标堤防总长约 3500km，流域堤防总达标率约 53%，支流达标率相对较低。

汉江上游干流堤防主要分布在汉中平川段和安康重点段，以及沿江县城，总长约 297km，设计水位根据防洪标准由设计流量推算。汉江中下游现有堤防总长约 1564km，包括确保堤、干堤、支民堤和分洪道堤。

1.2.2　水库

汉江流域内已建水电站 700 余座，总装机容量约 6760MW，约占技术可开发量的 83%，多年平均年发电量约 220 亿 kW·h，约占技术可开发量的 77%。其中，汉江上中游已建或基本建成的控制性水库有丹江口、石泉、安康、黄龙滩、潘口、鸭河口、三里坪等，水库总库容约 408.9 亿 m³，防洪库容约 126.7 亿 m³。

丹江口水利枢纽控制流域面积 95217km²（约占汉江全流域面积的60%），是汉江流域治理开发保护的关键性骨干工程，也是南水北调中线工程的水源工程。丹江口水库大坝加高完建后，水库设计洪水位 172.20m，校核洪水位 174.35m，总库容 319.5 亿 m³；水库正常蓄水位 170.00m，相应库容272.05 亿 m³，死水位 150m，极限消落水位 145.00m，调节库容 161.22 亿～186.97 亿 m³，具有多年调节性能；汛限水位 160.0（夏汛）～163.5m（秋汛），预留防洪库容 110.21 亿（夏汛）～80.53 亿 m³（秋汛），工程任务以防洪、供水为主，结合发电、航运等综合利用。

此外，汉江中游干流已建的王甫洲、崔家营、兴隆，在建的雅口、新集、碾盘山等航电枢纽，建成运用后对河道槽蓄、洪水传播规律等均可能产生一定影响。

1.2.3　蓄滞洪区

汉江流域蓄滞洪区及分蓄洪民垸共有 15 处，其中蓄滞洪区 1 处，为杜家台蓄滞洪区，分蓄洪民垸 14 处，均分布于中下游河段。

（1）杜家台蓄滞洪区

杜家台分洪工程于 1956 年 4 月建成，由杜家台分洪闸、引渠、黄陵矶泄洪闸和蓄滞洪区围堤组成。杜家台蓄滞洪区面积为 613.98km²，设计蓄洪水位 30.00m，蓄洪容积 38.61 亿 m³，扣除安全区后有效蓄洪容积 22.90亿 m³。

杜家台蓄滞洪区自 1956 年建设以来，至 2019 年共度过了 64 年汛期，共运用 21 次，分洪（流）总量 197.73 亿 m³，年最大分洪流量 5600m³/s（1964 年 10 月）。1983 年 10 月发生了典型分洪运用，最大分洪流量为5100m³/s；2005 年、2011 年二次分流运用；2010 年按照湖北省防汛抗旱指挥部命令，组织了分流转移，但最终未实施分流运用。

（2）汉江中下游分蓄洪民垸

汉江中下游分蓄洪民垸共 14 处，分布在宜城—沙洋干流河段，总面积约 1743km²，总容积约 35.65 亿 m³。其中，2 个重要分蓄洪民垸小江湖垸和邓家湖垸（蓄洪容积共 8.83 亿 m³）介绍如下。

1）小江湖分蓄洪民垸

小江湖分蓄洪民垸位于荆门市沙洋以北，蓄洪面积 105.8km²，蓄洪水位 46.60m，分洪有效容积 5.86 亿 m³。小江湖分蓄洪民垸由北部和东部的小江湖堤和西部、南部的自然高地圈围，堤长 25.24km。民垸内耕地面积10.57 万亩，总人口 3.09 万人。小江湖采用扒口方式分洪，能迅速降低沙洋站水位。

2）邓家湖分蓄洪民垸

邓家湖分蓄洪民垸位于荆门市马良镇西北侧，蓄洪面积 86.30km²，蓄洪水位 46.80m，分洪有效容积 2.97 亿 m³。邓家湖分蓄洪民垸由北部的邓家湖堤和东部、西部、南部的自然高地圈围，堤长 13.6km。民垸内耕地面积7.80 万亩，总人口 2.89 万人。邓家湖分蓄洪民垸以北，采用扒口方式分洪。

1.2.4　分洪道

东荆河位于长江中游下荆江以北、汉江下游以南的江汉平原腹地，于潜江泽口镇龙头拐接汉江南流，东面于武汉市汉南区三合垸附近汇入长江，沿途流经潜江市、监利市、仙桃市、洪湖市及武汉市的汉南区，是汉江下游的重要分流河道，河道全长 173km。

东荆河分流量随新城（沙洋）流量变化，在联合大垸等民垸扒口条件下行洪约 4250m³/s，在民垸不扒口情况下行洪约 3000m³/s，约为兴隆站（沙洋站）洪水流量的 1/5～1/4，可以大大缓解汉江泽口以下两岸地区及武汉市洪水威胁。

根据历史资料统计，兴隆站洪峰流量在 5000m³/s 以下、5000～10000m³/s、10000～15000m³/s、15000～20000m³/s 时，东荆河分流比（潜江站洪峰流量与沙洋站洪峰流量之比）分别在 8.3%～14.8%、14.8%～19.0%、19.0%～21.7%、21.7%～23.3%，与兴隆站流量呈正相关系。

1.2.5　河道整治工程

汉江中下游累计完成护岸长度 311km（含东荆河 33km），目前总体河势已得到初步控制；襄阳—皇庄河段航道整治工程、丹江口—襄阳河段航道整治工程分别于 1996 年和 2005 年完工，汉江蔡甸—河口Ⅲ级航道整治工程也已于 2004 年竣工。经整治，汉江中下游干流河势基本得到控制，总体较为稳定，但上中游梯级水库建成后，中下游干流河道将长期面临清水下泄的局面，部分河段河势处于进一步调整中，如兴隆枢纽下游河道冲刷严重；同时东荆河河口淤积形成拦门沙，洪水分流能力减小，较规划条件下的过流能力减小了 700m³/s 左右，加大了汉江干流泽口以下河段的防洪压力。

1.2.6　汉江现状防洪能力

随着汉江防洪体系的逐步完善，流域防洪能力大幅提高。水库与堤防配合运用，上游汉中市防洪能力基本达到 50～100 年一遇，安康市城区防洪能力基本达到 20～100 年一遇，沿江县城防洪能力基本达到 30～50 年一遇。水库与堤防配合运用，中游襄阳市防洪能力基本达到 50～100 年一遇，丹江口、宜城等沿江市（县）为 20～50 年一遇；水库、堤防、杜家台分蓄滞洪区及中游分蓄洪民垸等联合运用，中下游地区可防御 1935 年同大洪水（相当于 100 年一遇）。支流白河、南河采取水库、堤防等措施，防洪能力达到 10～20 年一遇；其他支流防洪能力大多在 5～10 年一遇。

1.3　汉江防洪非工程体系

1.3.1　监测预报体系

（1）水文监测体系

汉江流域水文记录始于 1929 年，但仅限于干流中下游的少数水位站。到 1935 年增设了安康、白河、郧县、襄阳等控制性水文站达 10 余处，观测水位、流量。这些测站除抗日战争及新中国成立前夕部分时期停测外，其余各年均有连续记载。新中国成立后，由于经济社会发展及流域内大量水利枢纽工程建设、运行的需要，汉江干、支流又增设了大量水文站、水位站和雨量站。近年来，汉江流域内各级水文部门不断推进水文监测的现代化，雨量、水位等要素全面实现自动监测，流量在线监测、应急监测技术也得到显著提高。目前，汉江流域基本建成了集卫星、雷达、气象站、水文报汛站、工程专用站等空天地于一体的流域全覆盖雨水情立体监测体系。长江水利委员会水文局（以下简称"长江委水文局"）收集流域内报汛站点 5361 个，应用于日常雨水情预报站点 3015 个。由于与湖北省气象局共享雨量站及国家站点数据传输方式不同，同时为保证共享数据质量，经协商通过雨水情交换系统向汉江集团交换的雨水情站点共计 689 个，其中雨量站 497 个，河道水文站 97 个，河道水位站 40 个，水库站 51 个，堰闸站 4 个。具体共享站点分布如图 1.3-1 所示。汉江水利水电（集团）有限责任公司（以下简称"汉江集团"）。

在信息传输方面，汉江流域各省（直辖市）水文部门、流域机构及发电企业间的水情信息传输采用基于数据库的水情信息实时交换模式。其中，长江委水文局局属水情分中心自建站点及各省（直辖市）水文部门报汛站点，利用水利专网进行信息的实时传输；各水库部门的信息，依托长江流域水库群信息共享平台项目，建立专线，实现信息的共享；气象部门的信息主要源自湖北省气象局，通过同城 30M 地面光纤专线，实现气象与长江水利委员会（以下简称"长江委"）水文部门汉江流域雨量观测数据共享。

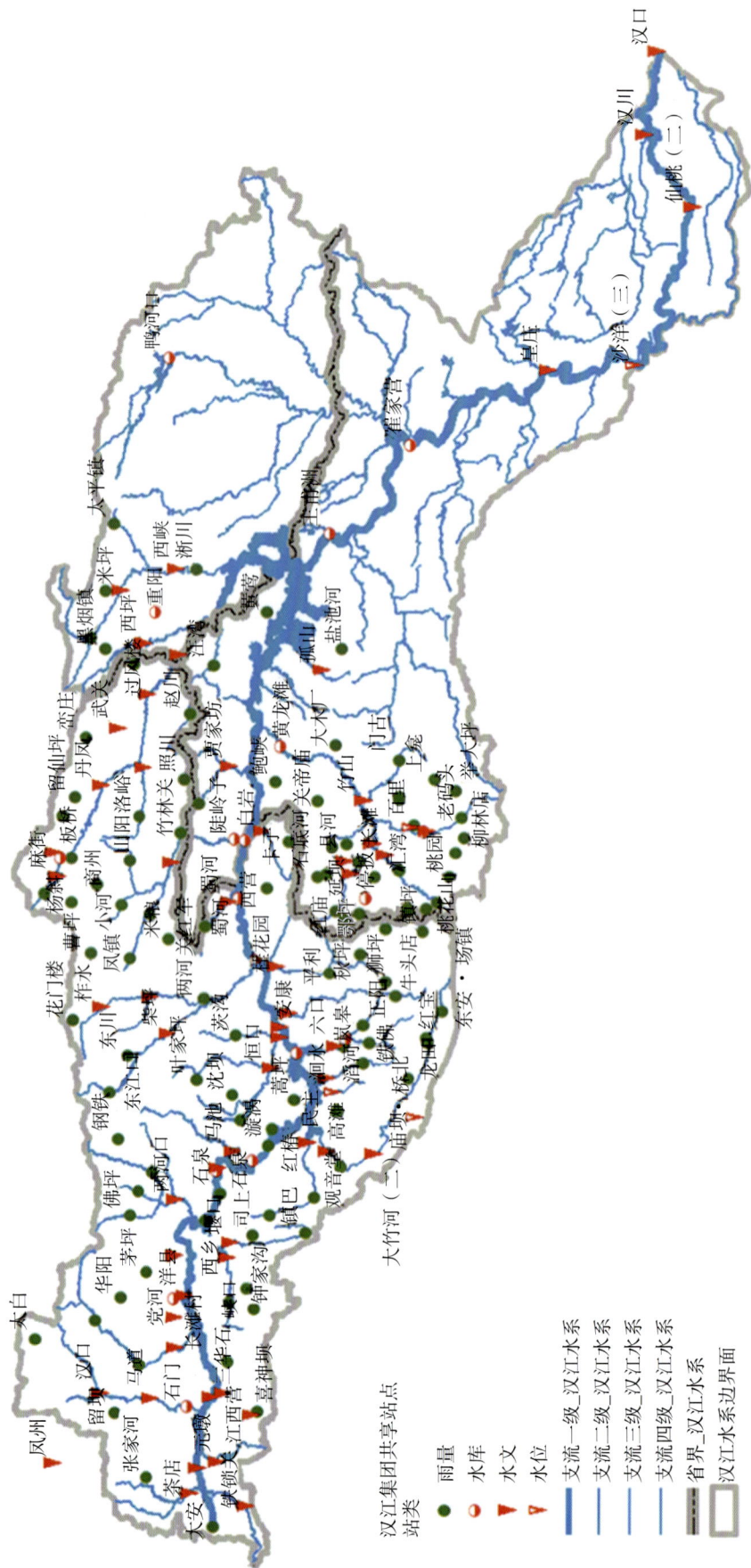

图1.3-1 汉江集团共享站点分布

汉江集团共享站点
站类

雨量	水库	水文	水位
●	◐	▲	⛳

支流一级_汉江水系

支流二级_汉江水系

支流三级_汉江水系

支流四级_汉江水系

省界_汉江水系

汉江水系边界面

（2）洪水预报体系

洪水预报是洪水防御的主要非工程措施之一，也是洪水实时调度的决策支撑。为延长预见期、提高洪水预报精度，经过长期的实践探索，针对汉江流域逐步形成短中长期相结合、水文气象相结合的洪水预报技术路线。通过水文气象耦合，短中长期嵌套，构建了以重要水库、防洪对象及干支流控制断面为节点，满足各类对象防洪目标及需求的汉江流域洪水预报体系，实现了汉江流域洪水作业预报全覆盖。

汉江流域降水预报目前采用的是短中期、延伸期和长期预报相结合的预报方法。短中期降水预报对象为流域 5 个分区未来 10 天的逐 24 小时定量面雨量预报，同时根据水文预报需求可提供加密分区、逐 6 小时滚动预报；目前，短期 1~3 天的定量面雨量预报精度较高，可直接用于水文预报，4~10天的降水过程预报较准确，可以为水文预报提供更长的预见期。延伸期降水预报对象为汉江上游、汉江中下游 2 个分区 11~30 天的降水过程预报，主要是对未来强降水过程进行预判。目前，长江委水文局基于对月尺度集合数值预报模式的释用，开展了延伸期面雨量过程预报（11~30 天）试验，尽管该产品定量化预报精度仍然比较低，但对降水趋势和强降水过程的把握有一定的意义。长期降水预报是对未来一个月至一年内的降水趋势进行预测，即流域降水相对于多年平均态偏多偏少的趋势，根据预测时间长短可分为年度、季节、月降水趋势预测。目前，我国长期天气预报水平距离满足国民经济发展的需要还有一段距离，随着气象科学理论及应用水平的不断发展、进步，长期预报水平将会得到进一步提高。

在洪水作业预报中，采用分区产流、汇流的方法。汉江丹江口水库坝址以上流域划分为 44 个单元，具有控制站的产流方案均采用降雨径流经验相关图法和经验单位线法。对于无控单元，产流借用各自单元内的小支流代表站的降雨径流相关图，汇流方法采用综合单位线。经各自单元产汇流计算的出流过程，按其汇入干流的位置，采用马斯京根分段连续演算法或合成流量演算，逐段演算至丹江口水库入库点，合成后得到入库流量过程。汉江中下游丹皇洪水预报方案配置，采用降雨径流模型、河道汇流、水库调洪演算方案，水位流量关系转换方案等。汉江皇庄以下洪水演进预报主要采用相关图方法。目前，汉江中下游 1~3 天预见期的预报具有较高的精度，水情监测预报基本满足防洪需求。

1.3.2 汉江洪水防御方案体系

目前，汉江流域初步形成了较为完整的方案预案体系，编制了《汉江洪水与水量调度方案》《2023 年长江流域水工程联合调度运用计划》《丹江口水利枢纽 2023 年汛期调度运用计划（含王甫洲水利枢纽 2023 年汛期调度运用计划）》等；石泉、安康、丹江口、潘口、黄龙滩、三里坪、鸭河口等水库纳入了水利部批复的长江流域水工程联合调度计划；每年防汛主管部门按照有关规定批复各控制性水库汛期调度运用计划。

（1）《汉江洪水与水量调度方案》

《汉江洪水与水量调度方案》主要包括汉江工程体系、设计洪水、洪水调度、水量调度、应急调度、调度权限、信息报送和共享、附则等部分，统筹考虑了上游与下游、汛期与非汛期、洪水与水量，以及各类工程的调度运用，提出了总体宏观的联合运用原则。

1）洪水调度目标

上游发生设计标准内洪水时，确保沿江城市、重要水库、重要乡镇的防洪安全；中下游发生设计标准内洪水时，确保重要水库、重点堤防、重要城市和地区的防洪安全。遇设计标准以上洪水或特殊情况，采取非常措施，保证汉江遥堤、重要城市和地区的防洪安全，最大程度地减轻洪灾损失。

2）水量调度目标

通过水量科学调度，保障流域内生活、生产、生态用水安全和南水北调中线一期工程等引调水工程供水安全，实现汉江流域水资源高效、可持续利用。

3）防洪调度

丹江口水库遵循水利部批复的《丹江口水利枢纽调度规程（试行）》（水建管〔2016〕377 号）相关规定，按照预报预泄、补偿调节、分级控泄的原则实施防洪调度，并按夏、秋汛期洪水特性分别控制下泄流量。

a. 预报预泄方式

当库水位在防洪限制水位附近或之上时，如果未来 1～2 天皇庄（碾盘山）预报总入流判别，夏汛期（6 月 21 日至 8 月 31 日）将大于等于 6000m³/s，秋汛期（9 月 1 日）将大于等于 10000m³/s，且汉江上游也将发生较大洪水时，则启动水库预泄。当汉江上游洪水已经形成，且预报丹江口入库将达到或超过 10 年一遇洪水（夏汛期洪峰流量 $38600\mathrm{m}^3/\mathrm{s}$、秋汛期洪峰流量 $26800\mathrm{m}^3/\mathrm{s}$）时，水库按照分级补偿调节的方式运行；当实际来水较预报偏小较多或库水位低于防洪限制水位 1.0m，且入库流量已经转退时，停止预泄。

b. 分级补偿调节方式

根据丹江口水库预报入库洪水或皇庄（碾盘山）预报总入流对应的皇庄（碾盘山）控制泄量，通过分级补偿调节，确定水库下泄流量：

①当丹江口水库预报入库洪水小于等于 10 年一遇洪水，或皇庄预报总入流在夏汛期小于等于 $42100\mathrm{m}^3/\mathrm{s}$、秋汛期小于等于 $30100\mathrm{m}^3/\mathrm{s}$ 时，控制皇庄流量夏汛期和秋汛期分别不超过允许泄量 $11000\mathrm{m}^3/\mathrm{s}$、$12000\mathrm{m}^3/\mathrm{s}$，夏汛期和秋汛期水库调洪最高水位分别不超过 167.00m、168.60m。

②当丹江口水库预报入库洪水大于 10 年一遇、小于等于 20 年一遇洪水，或皇庄预报总入流夏汛期为 $42100\sim49100\mathrm{m}^3/\mathrm{s}$、秋汛期为 $30100\sim36100\mathrm{m}^3/\mathrm{s}$ 时，控制皇庄流量夏汛期和秋汛期分别不超过允许泄量 $16000\mathrm{m}^3/\mathrm{s}$、$17000\mathrm{m}^3/\mathrm{s}$，夏汛期和秋汛期水库调洪最高水位均不超过正常蓄水位 170.00m。

③当丹江口水库预报入库洪水大于 20 年一遇、小于等于 1935 年同大洪水或秋汛期 100 年一遇洪水，或皇庄预报总入流夏汛期为 $49100\sim74000\mathrm{m}^3/\mathrm{s}$、秋汛期为 $36100\sim49600\mathrm{m}^3/\mathrm{s}$ 时，控制皇庄流量夏汛期和秋汛期分别不超过允许泄量 $20000\mathrm{m}^3/\mathrm{s}$、$21000\mathrm{m}^3/\mathrm{s}$，夏汛期和秋汛期水库调洪最高水位均不超过防洪高水位 171.70m。

④当丹江口水库预报入库洪水大于夏汛期 1935 年同大洪水或秋汛期 100 年一遇洪水时，停止分级补偿调节，转为保证枢纽自身防洪安全调度；当预报入库洪水在夏汛期小于 $81500\mathrm{m}^3/\mathrm{s}$、秋汛期小于 $61600\mathrm{m}^3/\mathrm{s}$ 时，控制水库下泄流量不超过 $30000\mathrm{m}^3/\mathrm{s}$，夏汛期和秋汛期水库调洪最高水位均不超过 172.20m。

⑤当丹江口水库预报入库洪水大于 1000 年一遇直至等于 10000 年一遇加大 20% 洪水时，电站停机，并根据预报及库水位上涨趋势，逐级加大泄量直至泄洪设施全开，以保证大坝防洪安全。

⑥当丹江口水库预报入库洪水大于 10000 年一遇加大 20% 洪水时，应采取一切保坝措施，以最大泄流能力宣泄洪水，保障大坝安全。

当汉江流域发生较大洪水时，汉江流域石泉、安康、潘口、三里坪、鸭河口等其他控制性水库在确保枢纽自身安全和本流域防洪安全的条件下，对来水进行拦洪错峰调度，适当减轻下游防洪压力。

对于设计标准内洪水，充分利用河道下泄洪水；对于设计标准外洪水，充分利用丹江口等水库联合调度拦蓄洪水，视实时水情、工情，适当抬高堤防运用水位，加强工程巡查、防守、抢险，并采取必要措施，保障重要保护对象防洪安全。必要时，根据水情工情，相机采取皇庄—沙洋河段 14 个蓄洪民垸、扒毁东荆河阻水围垸、开启杜家台蓄滞洪区、另辟分洪出路等措施，控制河段水位不超过防洪控制水位，尽最大可能减少洪灾损失。

4）水量调度

水库、引调水工程联合调度，保证汉江干流和重要支流主要断面的下泄流量应当满足规定的最小下泄流量控制指标要求。

5）应急调度

当发生干旱导致水库可供水量不足、工程安全、水污染或水生态破坏、船舶大面积搁浅、沉船等事故，视事故严重程度、事故发生地点和水库调节能力，可适当调整丹江口等控制性水库下泄流量，并适时启动引江济汉工程向汉江干流补水等应急措施，减少事故影响。

（2）《2023 年长江流域水工程联合调度运用计划》

为统筹协调防洪、供水、生态、发电、航运等方面的关系，保障防洪安全、供水安全、生态安全，充分发挥水工程在流域水旱灾害防御、水生态环境保护与修复中的作用，促进包括汉江流域在内的长江大保护，推动长江经济带高质量发展，根据工作安排，水利部组织并批复了长江委编制的《2023年长江流域水工程联合调度运用计划》。内容包括：纳入联合调度范围的水工程、调度原则与目标、联合调度方案、各水库调度方式、河道湖泊及蓄滞洪区运用方式、排涝泵站调度运用方式、引调水工程调度方式、调度权限、信息报送及共享、附则等。其中，汉江流域纳入 2023 年度联合调度范围的水库主要包括石泉、安康、潘口、黄龙滩、丹江口、三里坪、鸭河口水库。

1）汉江上游的防洪任务

提高石泉、安康及沿江城镇的防洪能力，主要由石泉、安康水库承担。

2）汉江中下游的防洪任务

防御 1935 年同大洪水（相当于 100 年一遇），主要由丹江口水库承担，安康、潘口、三里坪、鸭河口等其他干支流水库，以及杜家台蓄滞洪区和中下游部分分蓄洪民垸配合运用。遇夏汛 1935 年同大洪水时，通过丹江口水库拦蓄，控制皇庄站洪峰流量不超过 20000m³/s；遇秋汛 100 年一遇洪水时，控制皇庄站洪峰流量不超过 21000m³/s。

3）武汉河段的防洪任务

通过长江上游水库群和城陵矶河段防洪工程联合调度，武汉河段洪水仍然较大时，相机调度丹江口等水库，配合蓄滞洪区运用和排涝泵站限制排涝，控制汉口站水位不超过 29.73m。

（3）《丹江口水利枢纽 2023 年汛期调度运用计划（含王甫洲水利枢纽 2023 年汛期调度运用计划）》

2023 年，水利部组织长江委重点围绕完善水文预报方案、优化汛期水位控制方式、挖掘流域水库群联合调度潜力等方面，开展了丹江口水利枢纽优化调度方案研究和编制工作，编制的《丹江口水利枢纽 2023 年汛期调度运用计划（含王甫洲水利枢纽 2023 年汛期调度运用计划）》于 2023 年 5 月获得水利部的批复，并在汛期水库调度运用中得到了应用。

1）汛期运行水位方面

①丹江口水库一般按不高于防洪限制水位运行，考虑泄水设施启闭运行、水情预报误差，实时调度时水库运行水位可在防洪限制水位以下 0.5m 至以上 0.5m 范围内变动。

②当安康水库水位在防洪限制水位以下、汉口水位在 26m 以下，且预报 3 天内丹江口水库以上地区及丹江口—皇庄（碾盘山）区间没有中等及以上强度降雨时，丹江口水库水位夏汛期可按不超过 161.5m、秋汛期可按不超过 165.5m 运行；夏汛期若来水明显消退，且短中期预报丹江口水库以上地区及丹江口—皇庄（碾盘山）区间没有中等及以上强度降雨，3 天内丹江口水库入库流量不超过 3000m³/s、丹江口—皇庄（碾盘山）区间流量不超过 1000m³/s，丹江口水库水位可按不超过 162m 运行。

③库水位上浮运行期间，当不满足②规定的条件时，应立即启动提前预泄，加大水库下泄流量降低库水位，提前预泄期间，下泄流量按照控制皇庄（碾盘山）流量不超过夏汛期 11000m³/s、秋汛期 12000m³/s。

④当丹江口水库按照批复的计划正常供水调度，且短中期预报入库流量将超过 2000m³/s 时，丹江口水库可以通过加大供水预降水位，预降幅度不超过防洪限制水位以下 1m。

⑤夏秋汛期过渡期间，根据实时及预报雨水情控制库水位抬升进程，原则上按 163.5m 左右控制。

2）汛末运行水位方面。

10 月 1 日起，视汉江汛情和水文气象预报，水库可以逐步充蓄，10 日之后可蓄至正常蓄水位 170m。根据水文气象预报，丹江口水库以上 9 月中下旬不发生中等强度以上降雨和较大洪水过程时，丹江口水利枢纽管理局可根据当年天气形势和雨水情编制提前蓄水计划，经批准后实施。蓄水期间若发生洪水，按防洪要求转入防洪调度。

3）防洪调度方式方面

①丹江口水利枢纽 2023 年汛期的防洪调度采用"预报预泄、补偿调节、分级控泄"的原则对各量级洪水实施调度，其中，在对汉江中下游进行防洪分级补偿调节时，当库水位超过 171.7m 时，停止分级补偿调节，转为保证枢纽自身防洪安全调度。

②丹江口水库调洪后，在洪水退水过程中，应按相应防洪补偿调度及库岸稳定的控制条件，降低库水位，以利于防御下次洪水；在满足"调度控制水位"规定的条件时，按"调度控制水位"执行。

③当丹江口水库和汉江中下游防洪形势紧张时，若安康水库水位在 328m（黄海高程系统）以下，安康水库按下泄流量不大于入库流量进行控制，适时配合丹江口水库拦洪削峰；潘口水库适时拦蓄堵河来水，减少进入丹江口水库的洪量。

④当汉口水位较高时，根据长江和汉江的汛情及水文气象预报，在保障枢纽及汉江中下游防洪安全的前提下，丹江口水库可适当拦蓄洪水，分担长江干流武汉河段的防洪压力。

（4）各控制性水库汛期调度运用计划

汉江流域纳入联合调度的各控制性水库汛期调度运用计划均于汛前编制审批完成，其中，丹江口（含王甫洲）、潘口水库汛期调度运用计划由长江委批复；黄龙滩、三里坪水库汛期调度运用计划由湖北省水利厅批复（2019 年批复，有效期 2019—2023 年）；石泉、安康水库汛期调度运用计划由陕西省防汛抗旱总指挥部批复；鸭河口水库汛期调度运用计划由河南省水利厅批复。

1.3.3　信息化系统建设

长江流域控制性水利工程综合调度支持系统汉江集团子系统（以下简称"汉江子系统"）的主要建设目的是依托综合调度系统提供的水模拟、调度分析等通用模块，构建预报调度体系，实例化与完善所属流域的预报调度模型及相关功能，实现汉江本流域、配合长江中下游运用的防洪调度、水量调度等业务功能，并与综合调度系统集成，为综合调度系统提供支撑。系统建设范围涵盖汉江流域重要控制性水利工程和水文站点，主要包括洪水预报水库节点 11 个、洪水预报水文水位站节点 49 个、洪水预报蓄滞洪区节点 1 个、引调水工程 1 个、水量预测节点 16 个。经过 4 年多的研发，汉江子系统构建了覆盖汉江流域的高效水模拟体系，实现了近 70 个节点、130 余套方案的高效模拟；研发了预报调度体系敏捷搭建模式，支持不同河系、不同调度类型预报调度体系的快速构建，能适应工程节点变化，支撑快速配置；创新搭载了汉江干流丹江口—汉口段 570km 的长距离应急调度模型，实现了对汉江中下游干流任意位置突发水污染事件的实时快速模拟和应急调度方案效果的快速演算（图 1.3-2）。

当前汉江子系统已投入实践应用，作为日常水情预报、调度方案分析、信息综合展示、综合会商的统一工作平台，有力支撑了丹江口水库汛前消落方案滚动分析、汛期来水预报与实时调度方案编制以及汛末蓄水等工作，在 2023 年汉江秋汛防御中发挥重要的技术支撑作用。

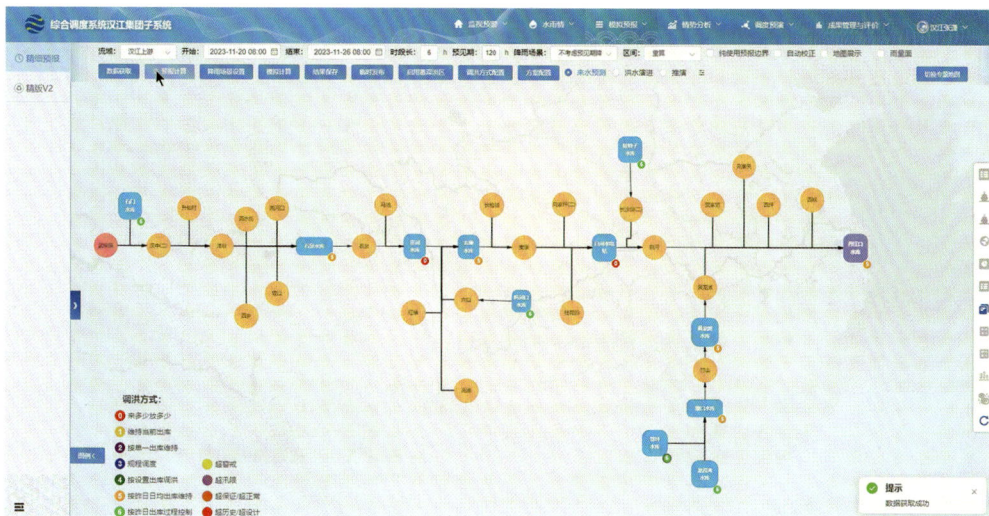

图 1.3-2　汉江上游预报调度体系

第 2 章　2023 年汉江雨水情

2023 年，汉江流域年降水量较 30 年均值偏多 29%，降水时空上呈现"北多南少""先少后多"的分布，其中，9 月中旬至 10 月上旬，汉江流域发生了 3 次范围广、强度强的降雨过程。受降雨和水库群调蓄影响，汉江流域年均来水较 30 年均值基本持平（还原后偏多近 50%），总体呈现主汛期来水偏枯、汛前与秋汛期来水显著偏多的现象。流域全年共发生 7 次洪水过程，主要集中在 9—10 月，其中 9 月中旬至 10 月上旬，汉江流域发生 2 次编号洪水过程，其洪水重现期为 5～10 年一遇，丹皇区间最大 7 天洪量超过 10 年一遇。

2.1　降雨概况

2.1.1　全年降水

2023 年 1—12 月，汉江流域年降水量 1128.6mm，较 30 年（1991—2020 年，下同）均值偏多 29%，其中，汉江上游年降水量 1121.6mm，较 30 年均值偏多 32%，汉江中下游年降水量 1139.4mm，较 30 年均值偏多 24%。1—12 月累计降水量大于 1200mm 的笼罩面积约为 4.64 万 km^2，大于 1600mm 的笼罩面积约为 0.14 万 km^2。从距平图上看，汉江流域降水呈现"北多南少"的分布，汉江上游降水大部分偏多 20% 以上，其中石泉—皇庄区间部分区域偏多 50% 以上；汉江中游偏多 20%～50%；汉江下游偏少 20% 以内。从时间上看，汉江流域各月降水呈现"先少后多"的分布，其中，1 月降水偏少 50%，2 月偏多 7%，3 月偏少 14%，4—6 月偏多 18%～46%，7 月基本正常，8—12 月偏多 7%～104%（图 2.1-1、表 2.1-1）。

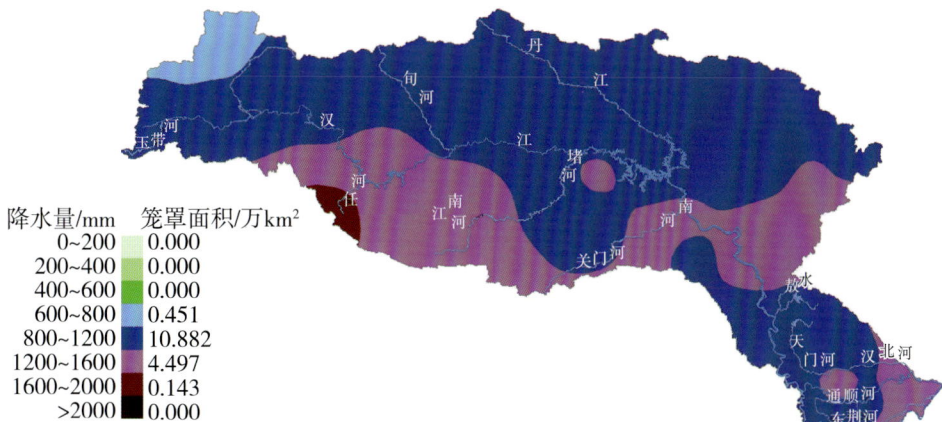

（a）降水量实况

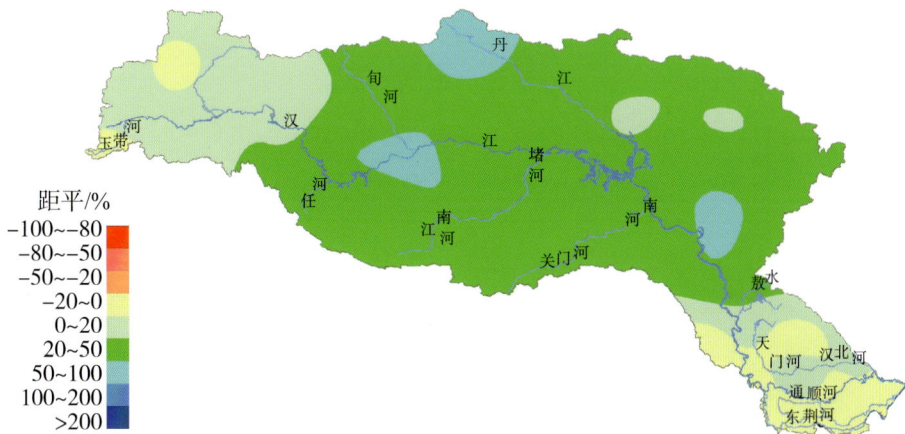

（b）距平

图 2.1-1　2023 年 1—12 月汉江流域降水量实况及距平

表 2.1-1　　　　　　　　2023 年汉江上游、汉江流域降水统计

时间	汉江上游			汉江流域		
	降水量/mm	均值/mm	距平/%	降水量/mm	均值/mm	距平/%
1 月	3.6	9.5	−62	7.4	14.9	−50
2 月	19.1	14.1	36	21.0	19.6	7
3 月	36.2	34.7	4	35.0	40.6	−14
4 月	85.1	56.9	50	93.1	63.9	46
5 月	147.2	92.3	60	141.4	98.3	44
6 月	127.9	113.8	12	143.0	121.2	18
7 月	155.2	158.1	−2	159.8	163.3	−2
8 月	163.4	132.6	23	156.2	132.6	18

续表

时间	汉江上游			汉江流域		
	降水量/mm	均值/mm	距平/%	降水量/mm	均值/mm	距平/%
9 月	224.5	123.2	82	214.4	105.1	104
10 月	110.9	75.4	47	97.1	70.5	38
11 月	32.0	31.3	2	36.8	34.5	7
12 月	16.5	8.6	92	23.4	11.8	98
1—5 月	291.2	207.5	40	297.9	237.3	26
6—8 月	446.5	404.5	10	459.0	417.1	10
9—10 月	335.4	198.6	69	311.5	175.6	77
11—12 月	48.5	39.9	22	60.2	46.3	30
1—12 月	1121.6	850.5	32	1128.6	876.3	29

2.1.2 汛前期（1—5 月）降水

2023 年 1—5 月，汉江流域累计降水量 297.9mm，较 30 年均值偏多 26%，其中，汉江上游累计降水量 291.2mm，较 30 年均值偏多 40%。从空间分布上来看，汉江流域降水呈现中部及南部偏多的分布，石泉以上大部分雨量在 200～300mm，石泉—白河大部分雨量在 300～500mm，白河—皇庄大部分雨量在 200～300mm，皇庄以下大部分在 500～700mm；累计降水量大于 300mm 的笼罩面积约为 5.9 万 km²，大于 500mm 的笼罩面积约为 0.7 万 km²。从距平图上看，汉江流域降水呈现上游多下游少的分布，丹江口以上大部偏多 50% 以上，丹江口附近及东荆河附近偏少 20%～50%（图 2.1-2、表 2.1-1）。

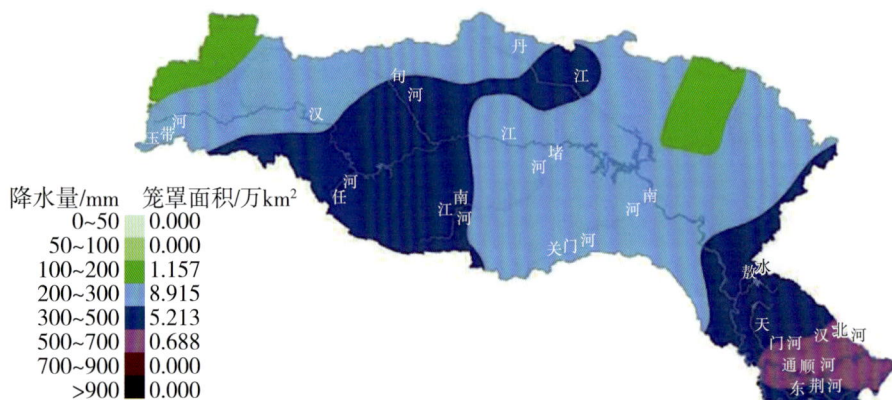

（a）降水量实况

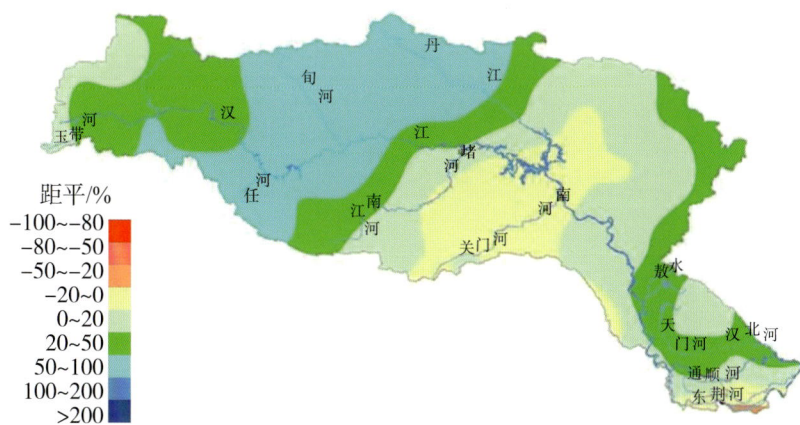

（b）距平

图 2.1-2　2023 年 1—5 月汉江流域降水量实况及距平

2.1.3　主汛期（6—8 月）降水

2023 年 6—8 月，汉江流域累计降水量 459mm，较 30 年均值偏多 10%，其中，汉江上游累计降水量 446.5mm，较 30 年均值偏多 10%。从空间分布上来看，汉江流域降水呈现北多南少的分布，汉江上中游所有地区累计降水量均超过 500mm 且近一半区域超过 700mm，汉江下游累计降水量超过 700mm 的区域明显较小；累计降水量大于 500mm 的笼罩面积约为 5.1 万 km²。从距平图上看，汉江流域呈现上下游偏少、中游偏多的分布，上游大部分区域偏多 20% 以内、部分区域偏少 20% 以内；中游大部偏多 20%～50%；下游偏少 20%～50%（图 2.1-3、表 2.1-1）。

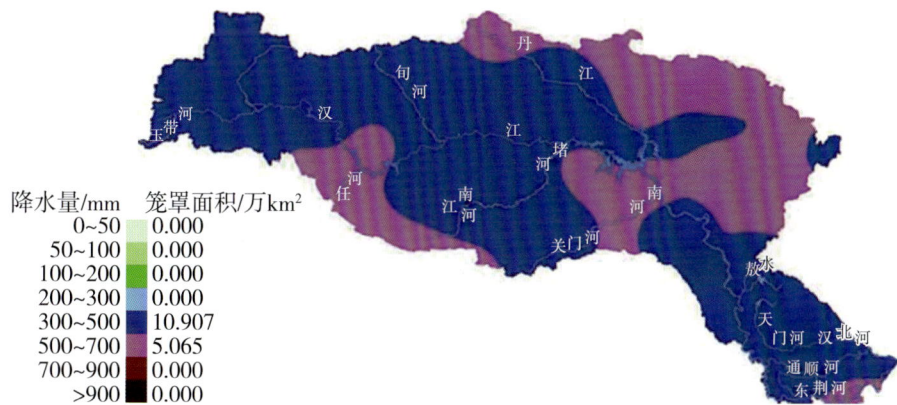

（a）降水量实况

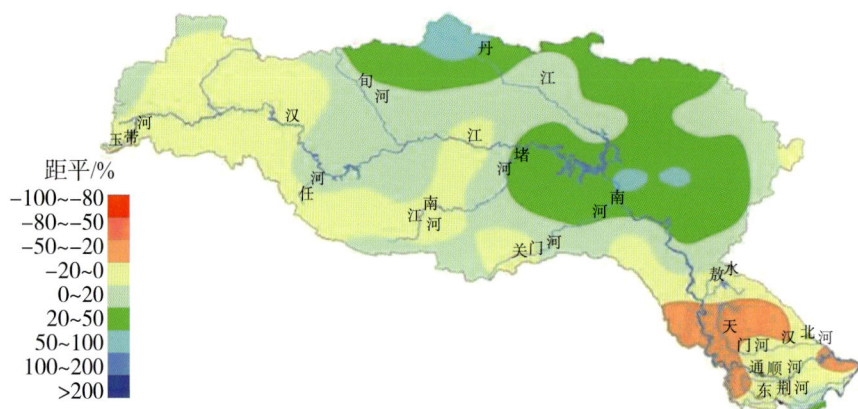

（b）距平

图 2.1-3　2023 年 6—8 月汉江流域降水量实况及距平

2.1.4　秋汛期（9—10 月）降水

2023 年 9—10 月，汉江流域累计降水量 311.5mm，较 30 年均值偏多 77％，其中，汉江上游累计降水量 335.4mm，较 30 年均值偏多 69％。从空间分布上来看，汉江流域降水呈现北多南少的分布，汉江上中游基本累计降水量在 200mm 以上，干流附近及以南累计降水量 300～500mm，且部分地区累计降水量 500～700mm；下游累计降水量基本在 100～200mm；累计降水量大于 500mm 的笼罩面积约为 0.6 万 km²。从距平图上看，汉江上中游降水偏多呈梯级增加，干流以北大部偏多 20％～100％，干流以南大部偏多 1～2 倍；汉江下游大部偏少 20％～50％（图 2.1-4、表 2.1-1）。

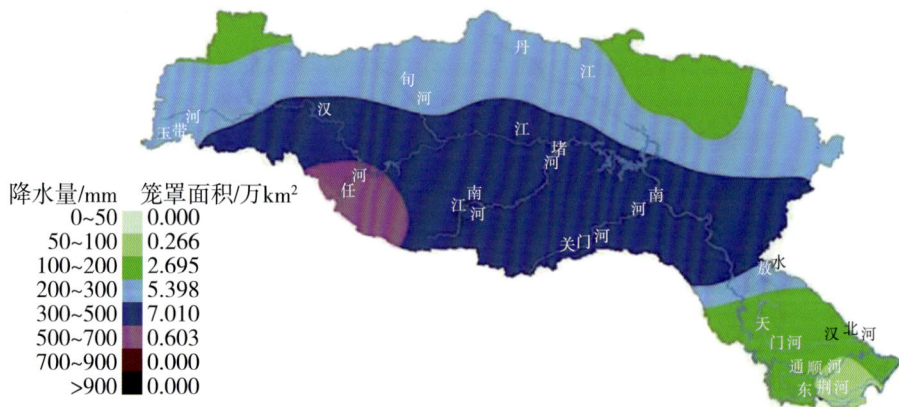

（a）降水量实况

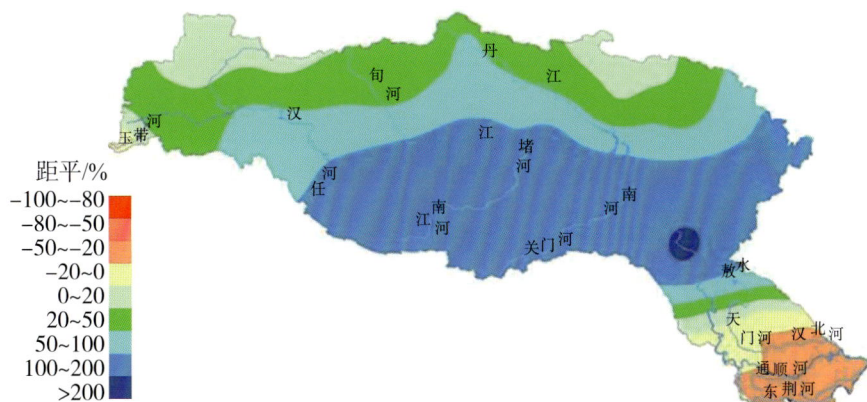

（b）距平

图 2.1-4　2023 年 9—10 月汉江流域降水量实况及距平

2.1.5　汛后期（11—12 月）降水

2023 年 11—12 月，汉江流域累计降水量 60.2mm，较 30 年均值偏多 30%，其中，汉江上游累计降水量 48.5mm，较 30 年均值偏多 22%。从空间分布上来看，汉江流域降水呈现北少南多的分布，汉江上中游基本累计降水量在 100mm 以下，下游累计降水量在 100～200mm。从距平图上看，石泉以上降水大部偏少 20%～50%，上游左、右两岸及下游大部偏多 50%～100%（图 2.1-5、表 2.1-1）。

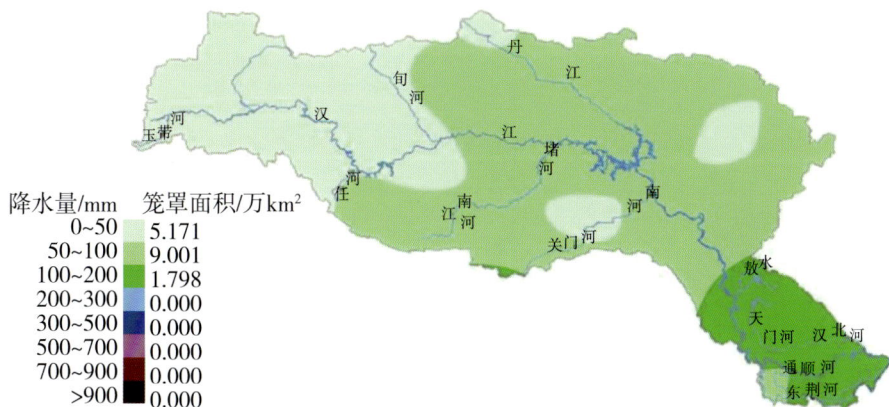

（a）降水量实况

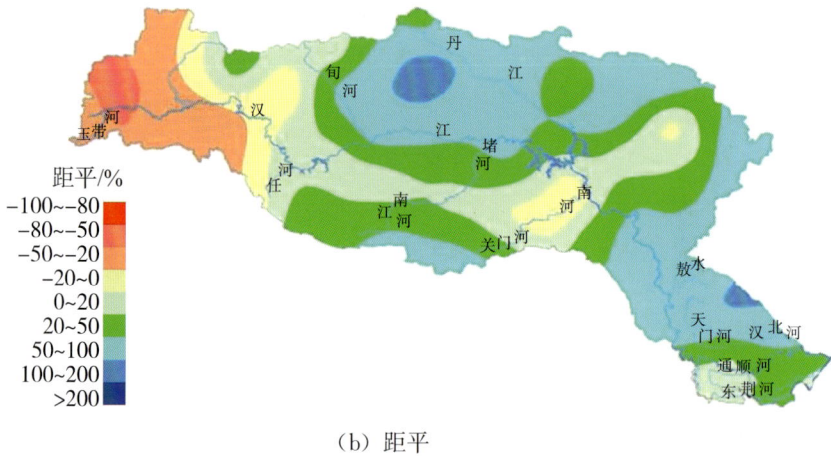

（b）距平

图 2.1-5　2023 年 11—12 月汉江流域降水量实况及距平

2.2　水情概况

2.2.1　全年来水

2023 年，汉江流域年平均来水较多年均值基本持平，来水分布较常年相比差别较大，总体呈现主汛期来水偏枯、汛前与秋汛期来水显著偏多的现象。统计分析，白河、丹江口入库、皇庄、兴隆 4 站逐月的月平均流量与多年同期均值偏差可以看出（表 2.2-1）：白河站 1 月、7 月和 8 月月平均流量偏枯，2—6 月、9—12 月偏丰，其中 10 月偏多 162.8%，6 月偏多 146.4%，4 月、5 月和 9 月偏多 72.1%～88.0%；丹江口入库流量 1 月、7—8 月月平均流量偏枯，2 月、4 月、5—6 月、9—11 月偏丰，尤其是 10 月偏多 172.2%，6 月偏多 129.8%，9 月偏多 81.5%；汉江中下游皇庄站 1—5 月、8 月平均流量偏枯，10—11 月偏丰，其中 10 月偏多 175.7%；兴隆站 1—5 月、8 月月平均流量偏枯，10—11 月偏丰，其中 10 月偏多 185.2%。

2.2.2　汛前（1—5 月）来水

汉江流域水情整体平稳，丹江口水库平均入库流量为 710m³/s，较历史同期均值偏多 24.4%；若不考虑上游干支流水库调蓄影响，还原后丹江口水库平均入库流量为 702m³/s，较历史同期均值偏多 23%。汉江中下游兴隆站

1—5 月平均流量 554m³/s，较历史同期均值偏少 37%；若不考虑上游干支流水库调蓄影响，还原后兴隆站平均流量为 688m³/s，较历史同期均值偏少 21.7%。

2.2.3　夏汛期（6—8 月）来水

受多轮强降水影响，汉江上游发生 3 次 5000m³/s 量级以上涨水过程，丹江口水库最大入库流量分别为 8970m³/s（6 月 5 日 9 时）、5850m³/s（7 月 4 日 8 时）、5890m³/s（8 月 27 日 7 时）。其间，丹江口水库出库流量最大加至满发流量并维持，库水位波动上涨，9 月 1 日 8 时，库水位涨至 163.68m，涨幅 7.08m。受水库拦蓄洪水及丹皇区间来水叠加影响，汉江中下游皇庄站出现一次 5000m³/s 量级以上涨水过程，最大流量 5090m³/s（7 月 5 日 21 时）。

本阶段，丹江口水库平均入库流量 1980m³/s，较历史同期均值偏多 20%，若不考虑上游干支流水库调蓄影响，还原后丹江口水库天然入库流量为 1910m³/s，较历史同期均值偏多 15.8%。汉江中下游兴隆站 6—8 月平均流量 1480m³/s，较历史同期均值偏少 15.4%；若不考虑上游干支流水库调蓄影响，还原后兴隆站平均流量为 2510m³/s，较历史同期均值偏多 43.4%。

2.2.4　秋汛期（9—10 月）来水

9—10 月，受强降水影响，汉江上游主要支流月河、黄洋河、坝河、堵河先后发生超警戒水位洪水，其中，月河长枪铺站最大流量 1620m³/s（超警戒流量 620m³/s，9 月 19 日 19 时 30 分）、黄洋河县河口站最大流量 648m³/s（超警戒流量 148m³/s，9 月 29 日 20 时 30 分）、任河大竹河站最高水位 456.73m（超警 0.29m，相应流量 3010m³/s，9 月 29 日 13 时 40 分）、堵河竹山站最高水位 256.74m（超警 0.74m，相应流量 4650m³/s，9 月 29 日 23 时）。受上游干支流涨水及上游水库调蓄影响，9 月中旬末，汉江丹江口水库出现明显涨水过程，最大入库流量 9070m³/s（9 月 20 日 7 时），9 月底来水再次明显上涨，至 10 月上旬接连发生了 2 次 10000m³/s 量级以上涨水过程，其中，9 月 29 日 20 时丹江口水库入库流量涨至 15100m³/s，"汉江 2023 年第 1 号洪水"在汉江上游形成，丹江口水库最大入库流量 16400m³/s（9 月

30 日 4 时）。为拦蓄上游洪水，避免与下游区间洪水遭遇，9 月 27 日 19 时起丹江口水库开闸泄洪并逐步加大泄洪流量，最大出库流量 10200m³/s。汉江中下游干流各站水位受丹江口水库泄洪影响迅速上涨，相继接近并超过警戒水位，其中，皇庄站水位 10 月 2 日 22 时涨至 48.02m（超警戒水位 0.02m），"汉江 2023 年第 2 号洪水"在汉江中下游形成。

本阶段，丹江口水库平均入库流量 3390m³/s，较历史同期均值偏多 118.7%，若不考虑上游干支流水库调蓄影响，还原后丹江口水库天然入库流量为 3660m³/s，较历史同期均值偏多 136.1%。汉江中下游宜城以下各站超警幅度 0.15～1.02m，超警历时 2～4 天，兴隆站 9—10 月平均流量 3120m³/s，较历史同期均值偏多 90.2%；若不考虑上游干支流水库调蓄影响，还原后兴隆站平均流量为 4880m³/s，较历史同期均值偏多 197.6%。

2.2.5 汛后期（11—12 月）来水

汉江流域水情恢复平稳，丹江口水库平均入库流量为 621m³/s，较历史同期均值偏多 16.1%；若不考虑上游干支流水库调蓄影响，还原后丹江口水库平均入库流量为 608m³/s，较历史同期均值偏多 13.8%。汉江中下游兴隆站 11—12 月平均流量 1050m³/s，较历史同期均值偏多 16.1%；若不考虑丹江口水库调蓄影响，还原后兴隆站平均流量为 824m³/s，较历史同期均值偏少 8.9%。

2.3 暴雨洪水特征

根据《江河流域面雨量等级》（GB/T 20486—2017）中对面雨量强度及等级的划分和定义，日面雨量超过 30mm 的降水为暴雨。参照《2016 年长江暴雨洪水》定义的标准，将汉江流域 5 个分区中单日出现 1 个及以上分区面雨量超过 30mm 定为 1 次暴雨过程。

2023 年 4—10 月，汉江流域共发生 13 次暴雨过程，其中 4 月发生 2 次暴雨过程，5 月发生 1 次暴雨过程，6 月发生 1 次暴雨过程，7 月发生 3 次暴雨过程，8 月发生 1 次暴雨过程，9 月发生 3 次暴雨过程，10 月发生 2 次暴雨过程。可见，暴雨过程较为频繁的时间为 7—10 月，其中 9 月中旬至 10 月上旬，汉江流域发生 3 次范围广、强度强的降雨过程：9 月 9—12 日，汉江流域自西北向东南发生中—大雨、局地暴雨的强降雨；17—20 日，汉江流域再次发生移动性大—暴雨；22—29 日，汉江上中游发生大雨、局地暴雨。该时间段内汉江流域累计降水量 267.6mm，较常年偏多 1.8 倍，为 1961 年以来历史同期第 1 位，其中，汉江上游累计面雨量达 278.4mm、中下游累计面雨量达 250.8mm。具体暴雨过程统计如表 2.3-1 所示。

2023 年 4—10 月，汉江流域共发生 7 次洪水过程，其中 6—8 月发生 3 次洪水过程，9 月发生 2 次洪水过程，10 月发生 2 次洪水过程。洪水过程主要集中在 9—10 月，其中 9 月中旬至 10 月上旬，汉江流域发生 2 次 $10000m^3/s$ 量级以上的洪水过程。9 月 21—30 日，受强降雨影响，干流石泉、安康水库相继开闸泄洪，丹江口水库出现了 1 次 $10000m^3/s$ 量级以上的涨水过程，入库洪峰流量 $16400m^3/s$（9 月 30 日 4 时），达到汉江洪水编号标准，"汉江 2023 年第 1 号洪水"在汉江上游形成。10 月上旬，汉江发生 2 次明显涨水过程，丹江口水库入库洪峰流量分别为 $14300m^3/s$（10 月 2 日 17 时）、$9610m^3/s$（10 月 6 日 22 时），受丹江口水库泄洪及区间来水影响，汉江中下游干流主要控制站皇庄、沙洋、仙桃、汉川站相继超警，最高水位分别为 49.02m、42.36m、35.25m、29.39m，超警幅度为 0.15～1.02m，超警历时 2～4 天，"汉江 2023 年第 2 号洪水"在汉江中游形成。汉江中下游主要支流清河、蛮河、东荆河发生超警洪水，清河店、朱市、潜江站最高水位分别为 69.45m（超警戒水位 0.45m）、60.07m（超警戒水位 0.07m）、39.70m。

表 2.2-1

2023 年汉江干流各站月平均流量统计

月份	白河 整编/(m³/s)	白河 还原/(m³/s)	白河 多年均值/(m³/s)	白河 整编距平/%	白河 还原距平/%	丹江口入库 流量/(m³/s)	丹江口入库 还原/(m³/s)	丹江口入库 多年均值/(m³/s)	丹江口入库 流量距平/%	丹江口入库 还原距平/%	皇庄 整编/(m³/s)	皇庄 还原/(m³/s)	皇庄 多年均值/(m³/s)	皇庄 整编距平/%	皇庄 还原距平/%	兴隆 整编/(m³/s)	兴隆 还原/(m³/s)	兴隆 多年均值/(m³/s)	兴隆 整编距平/%	兴隆 还原距平/%
1月	202	139	256	-21.0	-45.6	291	227	395	-26.3	-42.5	627	299	825	-24.0	-63.7	542	214	828	-34.5	-74.2
2月	276	211	198	39.1	6.4	426	390	322	32.3	21.1	667	427	785	-15.1	-45.6	549	309	788	-30.3	-60.8
3月	408	250	302	35.1	-17.2	497	322	484	2.7	-33.5	638	415	833	-23.4	-50.2	529	306	827	-36.0	-63.0
4月	802	726	444	80.8	63.6	1080	978	720	50.0	35.8	664	1070	925	-28.2	15.7	556	964	915	-39.2	5.4
5月	968	1090	563	72.1	93.8	1240	1570	913	35.8	72.0	649	1670	1060	-38.8	57.5	592	1620	1030	-42.5	57.3
6月	1880	1640	763	146.4	114.9	2780	2540	1210	129.8	109.9	1290	2930	1220	5.7	140.2	1300	2940	1170	11.1	151.3
7月	1200	1120	1290	-7.0	-13.2	1610	1570	1930	-16.6	-18.7	1770	2240	1930	-8.3	16.1	1900	2370	1930	-1.6	22.8
8月	954	998	1120	-14.8	-10.9	1580	1630	1800	-12.2	-9.4	1090	2090	2150	-49.3	-2.8	1240	2240	2140	-42.1	4.7
9月	2350	2710	1250	88.0	116.8	3340	3850	1840	81.5	109.2	2210	4630	1860	18.8	148.9	2150	4570	1870	15.0	144.4
10月	2200	2230	837	162.8	166.4	3430	3470	1260	172.2	175.4	3750	4870	1360	175.7	258.1	4050	5170	1420	185.2	264.1
11月	446	522	400	11.6	30.6	770	813	624	23.4	30.3	1270	1090	965	31.6	12.9	1320	1140	994	32.8	14.7
12月	314	252	286	9.8	-11.9	476	410	448	6.3	-8.5	824	557	814	1.3	-31.6	786	519	818	-3.9	-36.6
1—12月	1000	993	645	55.0	53.9	1460	1480	1000	46.0	48.0	1290	1860	1230	4.9	51.2	1300	1870	1270	2.4	47.3
1—5月	534	487	355	50.6	37.2	710	702	571	24.4	23.0	649	781	887	-26.9	-12.0	554	688	879	-37.0	-21.7
6—8月	1340	1250	1060	26.4	17.9	1980	1910	1650	20.0	15.8	1380	2410	1770	-22.0	36.2	1480	2510	1750	-15.4	43.4
9—10月	2270	2470	1040	118.2	137.5	3390	3660	1550	118.7	136.1	2990	4750	1610	85.7	195.0	3120	4880	1640	90.2	197.6
11—12月	379	385	342	10.8	12.5	621	608	535	16.1	13.8	1040	819	888	17.1	-7.8	1050	824	905	16.1	-8.9

注：多年均值为 1991—2020 年各月均值。

表 2.3-1

2023 年 4—10 月汉江流域暴雨过程统计表

月份	起止时间	降水强度	降水范围	强降水中心	累计面雨量的落区及雨量/mm
4 月	2—3 日	大—暴雨	汉江流域自西北向东南	汉江下游	石泉以上 33.4mm，石泉—白河 30.8mm，皇庄以下 76mm
	20—23 日	中—大雨、局地暴雨	汉江流域自西北向东南	汉江下游	石泉以上 41.1mm，石泉—白河 43.6mm，白河—丹江口 35.6mm，丹皇区间 35.1mm，皇庄以下 55.8mm
5 月	25—26 日	大—暴雨	汉江流域	汉江下游	皇庄以下 64.3mm
6 月	16—18 日	大—暴雨	汉江中下游	汉江下游	石泉—白河 42.8mm，白河—丹江口 81.7mm，丹皇区间 89.1mm，皇庄以下 78.9mm
7 月	1—3 日	大—暴雨	汉江流域	汉江石泉—白河、丹皇区间	石泉以上 57mm，石泉—白河 90.7mm，白河—丹江口 42.8mm，丹皇区间 82.6mm
	19—21 日	中—大雨、局地暴雨	汉江下游	汉江下游	皇庄以下 52mm
	27 日	大雨、局地暴雨	汉江上游	汉江上游	石泉以上 30.4mm，石泉—白河 34.9mm
8 月	25—27 日	大—暴雨、局地大暴雨	汉江流域自西北向东南	汉江中游	石泉以上 38.3mm，石泉—白河 65.5mm，白河—丹江口 82.4mm，丹皇区间 99.1mm，皇庄以下 30.2mm

续表

月份	起止时间	降水强度	降水范围	强降水中心	累计面雨量的落区及雨量/mm
9 月	9—12 日	中—大雨、局地暴雨	汉江流域自西北向东南	汉江中游	石泉以上 36.8mm，石泉—白河 36.7mm，白河—丹江口 30.3mm，丹皇区间 55.5mm
	17—20 日	大—暴雨	汉江流域自西北向东南	汉江上游	石泉以上 68.2mm，石泉—白河 119.5mm，白河—丹江口 69.3mm，丹皇区间 69.4mm，皇庄以下 32.3mm
	22—29 日	大雨、局地暴雨	汉江上中游	汉江中游	石泉以上 70.2mm，石泉—白河 112.4mm，白河—丹江口 110.2mm，丹皇区间 91.1mm
10 月	1—2 日	大雨、局地暴雨	汉江上中游	汉江中游	白河—丹江口 41.2mm，丹皇区间 50.5mm，石泉—白河 25.4mm
	18—19 日	中—大雨	汉江上中游	汉江上游	石泉以上 30.8mm，石泉—白河 40.7mm，白河—丹江口 35.3mm

第 3 章　2023 年汉江秋季暴雨分析

2023 年秋季，汉江流域遭遇了显著秋汛，对水资源管理和防洪减灾构成挑战。本章通过深入分析秋汛的气候背景、天气成因、发展过程及特征，揭示前期海温变化、环流形势、副热带高压、水汽输送及台风活动等因素对汉江暴雨的影响。通过统计累计雨量、日最大面雨量等指标，探讨了暴雨的时空分布特点，并与典型年进行对比，理解其特殊性及对防洪减灾的影响，为气象预测和灾害防范提供了科学依据。

3.1　气候背景及天气成因

在通常情况下，随着季节演变大气环流随之调整，秋季西风带系统逐渐增强，副热带系统逐渐减弱南退。汉江上游地处秦巴山区，是南北气候的过渡带，秋季冷空气沿河西走廊南下，与停滞在该地区的暖湿气流持续交汇，加剧锋面活动形成连阴雨天气。2023 年 8 月下旬至 10 月下旬，汉江发生明显秋汛，本节主要针对汉江发生明显秋汛的气候及环流背景进行分析。

3.1.1　前期海温由冷转暖

国家气候中心监测显示，2021 年 10 月开始的拉尼娜事件（海表温度异常偏冷事件）于 2023 年 3 月结束，2023 年 6 月赤道中东太平洋进入厄尔尼诺状态（海表温度异常偏暖），之后厄尔尼诺持续发展，于 2023 年 10 月形成一次东部型厄尔尼诺事件，并在 2023 年 12 月达到峰值［图 3.1-1（a）］。沿赤道（5°S～5°N 平均）的垂直纬向环流距平场上，秋季 8 月 20 日至 10 月 31 日，热带中东太平洋上空大部为异常对流上升运动，热带印度洋上空为异常下沉运动，沃克（Walker）环流表现为赤道中东太平洋强烈的上升支和印度洋、西太平洋强烈下沉支［图 3.1-1（b）］，显示沃克环流明显减弱，呈典型的厄尔尼诺状态特点。太平洋海温演变是西太平洋副热带高压从夏季中后期开始表现出偏北的原因之一。

（a）厄尔尼诺区逐月指数

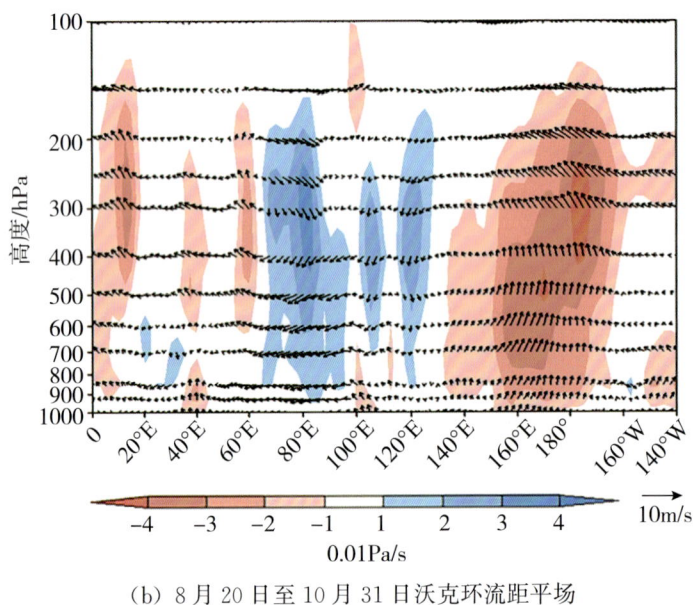

（b）8 月 20 日至 10 月 31 日沃克环流距平场

图 3.1-1　厄尔尼诺 3.4 区逐月指数及 8 月 20 日至 10 月 31 日沃克环流距平场

3.1.2　中高层环流形势稳定、冷空气活跃

2023 年秋汛期，200hPa 纬向风距平在 35°N 以北基本为负距平带，即西

风带偏弱；在 35°N 以南基本为正距平带，即西风带偏强，且在西太平洋至中太平洋处有明显的正距平中心，说明西风带急流中心位于此处。汉江流域基本处于 30°～35°N 的正距平带中（图 3.1-2），在北部偏弱西风和南部偏强西风的作用下此处呈现气旋性切变，同时该区域位于太平洋西风急流入口、急流轴左侧，也具有气旋性切变特征。上述作用共同造成汉江流域明显的高空辐散，对应中低层辐合上升，有利于汉江降水的产生和维持。

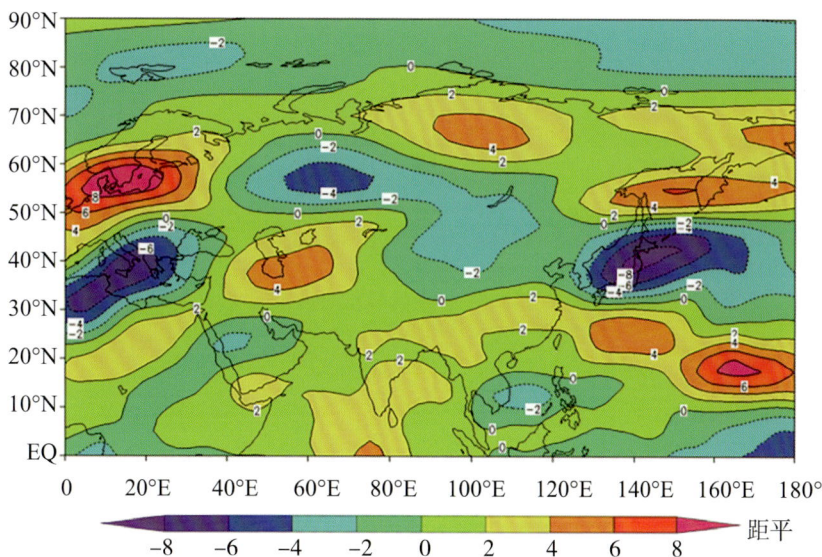

图 3.1-2　2023 年秋汛期 200hPa 纬向风距平场（等值线、阴影单位：m/s）

在 500hPa 高空距平图上，欧亚中高纬呈"－＋＋"的异常波列分布，乌拉尔山及西西伯利亚为明显负距平，巴尔喀什湖至贝加尔湖区域有明显的正距平中心，贝加尔湖以东经我国东北至太平洋北部仍为正距平。贝加尔湖附近阻塞高压的环流形势利于冷空气南下影响我国中东部地区，冷空气活动频繁。西太平洋副热带高压 588dagpm 脊线较常年气候态明显偏强偏西，根据国家气候中心西太平洋副热带高压监测，强度和面积指数较多年平均明显偏大、西伸脊点到达 90°E 附近，较常年偏西约 40°，脊线位置与常年基本一致。明显偏强偏西的副热带高压将洋面上的暖湿气流输送至我国中东部，使得冷暖空气长时间交绥于长江及汉江一带，有利于秋季暴雨的形成（图 3.1-3）。

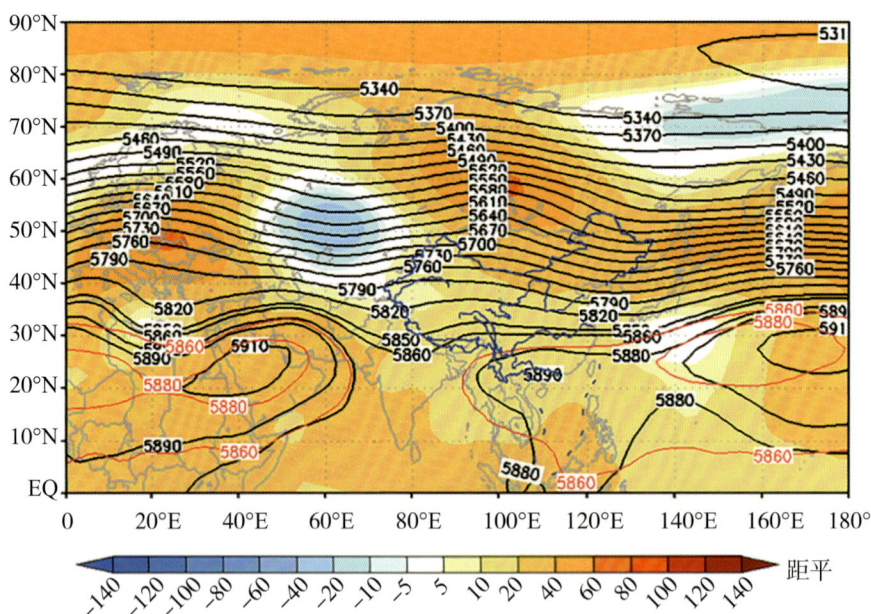

图 3.1-3　2023 年秋汛期 500hPa 平均位势高度及距平场（单位：gpm）

3.1.3　副热带高压偏西偏强

分析 2023 年西太平洋副热带高压面积、强度、脊线位置、西伸脊点位置（图 3.1-4）发现，从 5 月左右开始，副热带高压面积和强度已明显大于平均状态，在秋汛期间也保持远超 30 年均值的水平。

从脊线位置变化可见，6—9 月西太平洋副热带高压脊线位置开始较多年均值偏北，尤其是在 8—9 月副热带高压脊线偏北程度明显偏强。偏北的副热带高压为汉江流域输送来自东南洋面上稳定的水汽提供了有力支撑。从西伸脊点位置可见，从 3 月起，副热带高压西伸脊点较多年均值明显偏西 10～20 个经度。秋汛期时副热带高压西伸脊点位于 110°E 左右，已经深入我国内陆。如此明显西伸的副热带高压位置利于更加充足的水汽稳定输送至汉江流域一带，为汉江流域秋汛期降水提供了关键的水汽条件。由此可见，副热带高压强度偏强，脊点偏西、脊线稳定偏北是汉江上游秋汛期出现阶段性持续强降雨的主要原因之一。

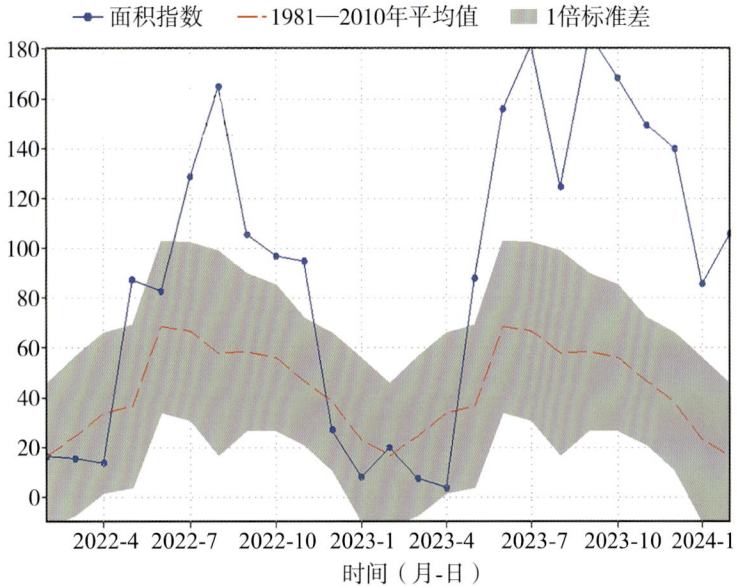

（a）面积

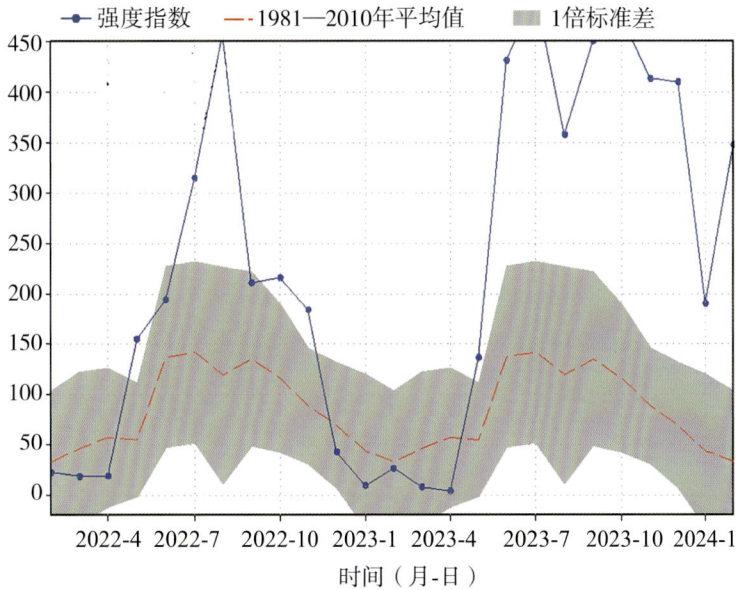

（b）强度

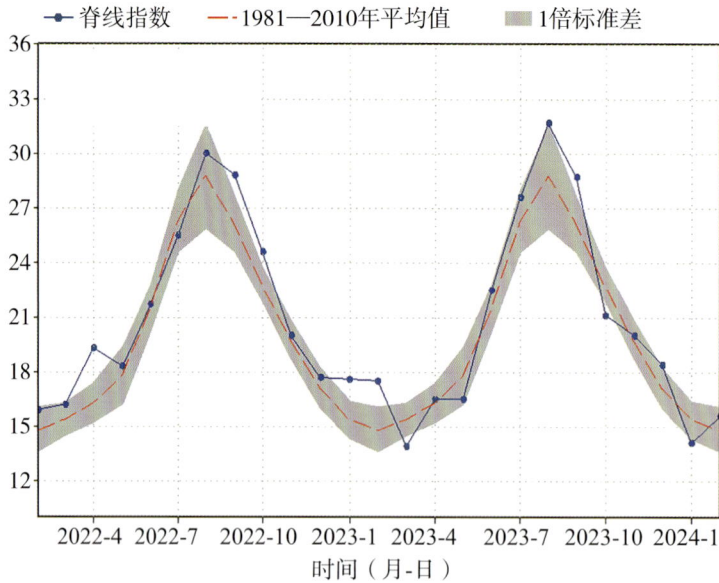

（c）脊线

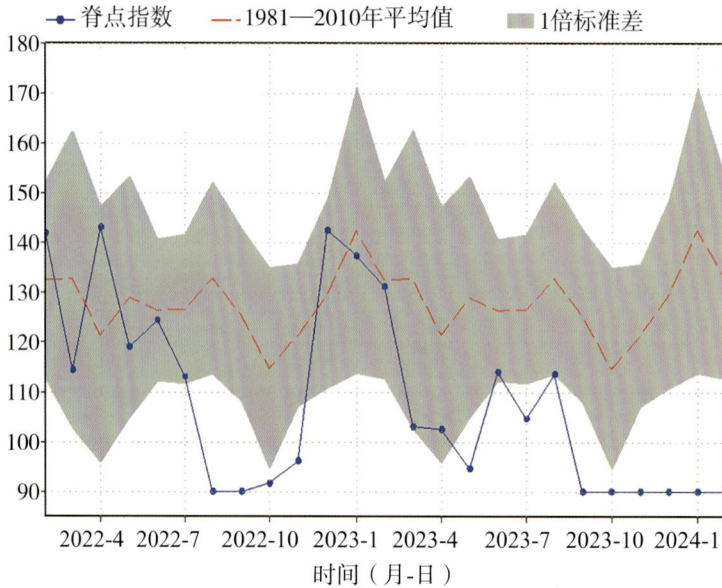

（d）西伸脊点

图 3.1-4　2022—2024 年西太平洋副热带高压面积、强度、脊线、西伸脊点的逐月变化

3.1.4　水汽输送强盛

从 9 月上旬至 10 月上旬的整层水汽通量平均场可见［图 3.1-5（a）］，偏西偏强的西太平洋副热带高压南侧的东风急流形成一条强劲的水汽输送带，将来自温暖洋面上的水汽源源不断地向我国输送，并在汉江流域形成明

显的水汽通量大值中心。从地面到 300hPa 整层积分的水汽输送可见，在 2023 年秋汛期间，我国中部及东南部均为水汽通量散度负距平，且在汉江上游有明显的水汽通量辐合大值中心，说明与常年相比 2023 年汉江流域水汽通量辐合明显更强，大量水汽在此处聚集堆积［图 3.1-5（b）］。同时结合平均风场可知［图 3.1-5（c）］，来自孟加拉湾的暖湿气流与中高纬西风带在汉江流域附近交汇，来自海洋上的丰沛水汽在此处辐合，促进了汉江上游秋雨的异常偏多，同时来自南部的暖湿气流与西风气流带来的北方冷空气在汉江上游交汇，为汉江上游暴雨的形成提供了充足的动力和水汽条件。

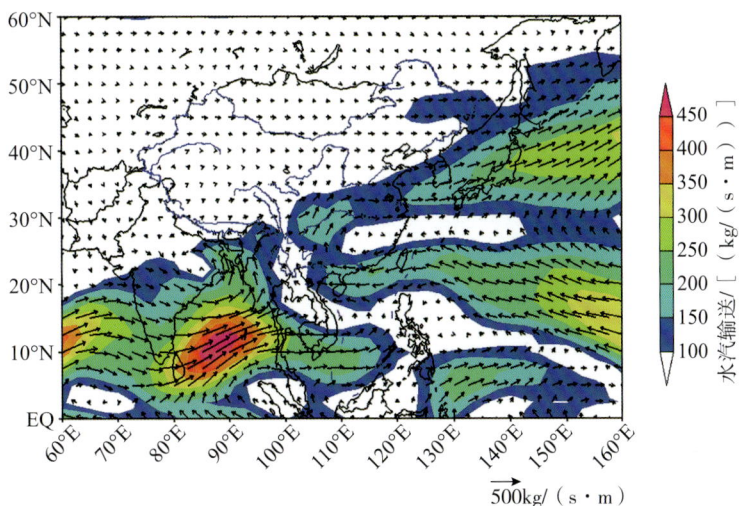

（a）水汽通量

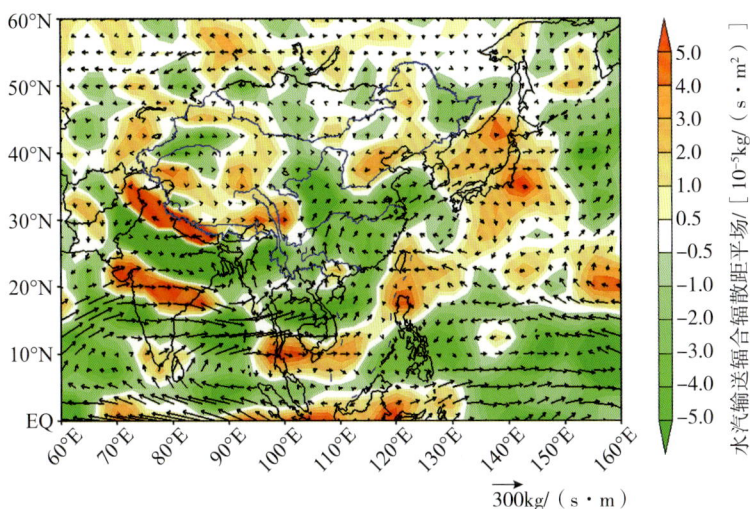

（b）水汽通量散度距平

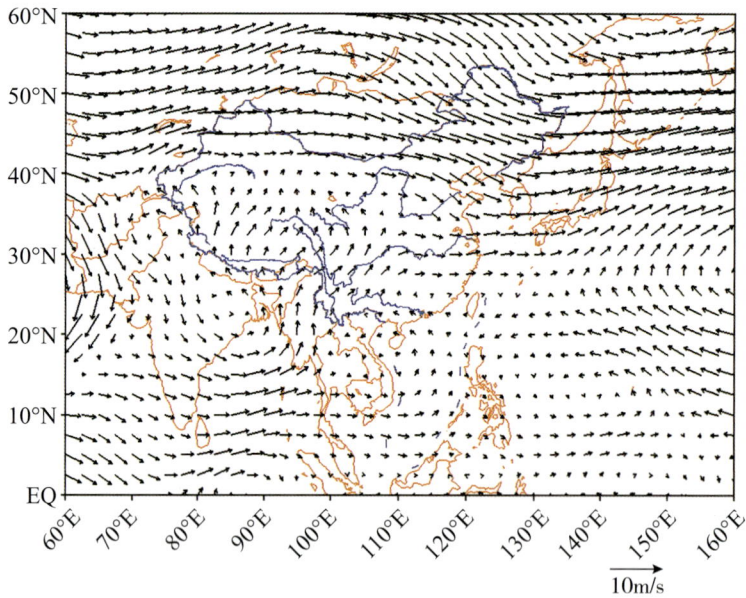

（c）700hPa 平均风场

图 3.1-5　2023 年秋汛期 9 月上旬至 10 月上旬地面

至 300hPa 整层积分的水汽通量、水汽通量散度距平和 700hPa 平均风场

3.1.5　台风影响频繁

2023 年 8 月下旬至 10 月下旬，西北太平洋洋面上及我国附近的沿海地区共生成 8 个台风（图 3.1-6）。其中，共 4 个台风以西行路径（9 号台风"苏拉"、11 号台风"海葵"、14 号台风"小犬"）和北上路径（16 号台风"三巴"）登陆我国。在 9 号台风"苏拉"活动期间（8 月 24 日至 9 月 3 日），汉江流域发生暴雨过程（8 月 25—27 日）；在 14 号台风"小犬"活动期间（9 月 30 日至 10 月 9 日），汉江流域发生大—暴雨过程（10 月 1—2 日）；在 16 号台风"三巴"活动期间（10 月 17—20 日），汉江流域发生中—大雨过程（10 月 18—19 日），可见台风活动对汉江流域秋汛期降水造成直接影响；其余 4 个台风（10 号台风"达维"、12 号台风"鸿雁"、13 号台风"鸳鸯"、15 号台风"布拉万"）在西太平洋活动靠近我国时也对降雨产生间接作用。此外，在台风强度方面，8 个台风中有 4 个在生命周期中达到超强台风强度，因此，秋汛期间，台风对汉江降雨影响频繁且程度较强。

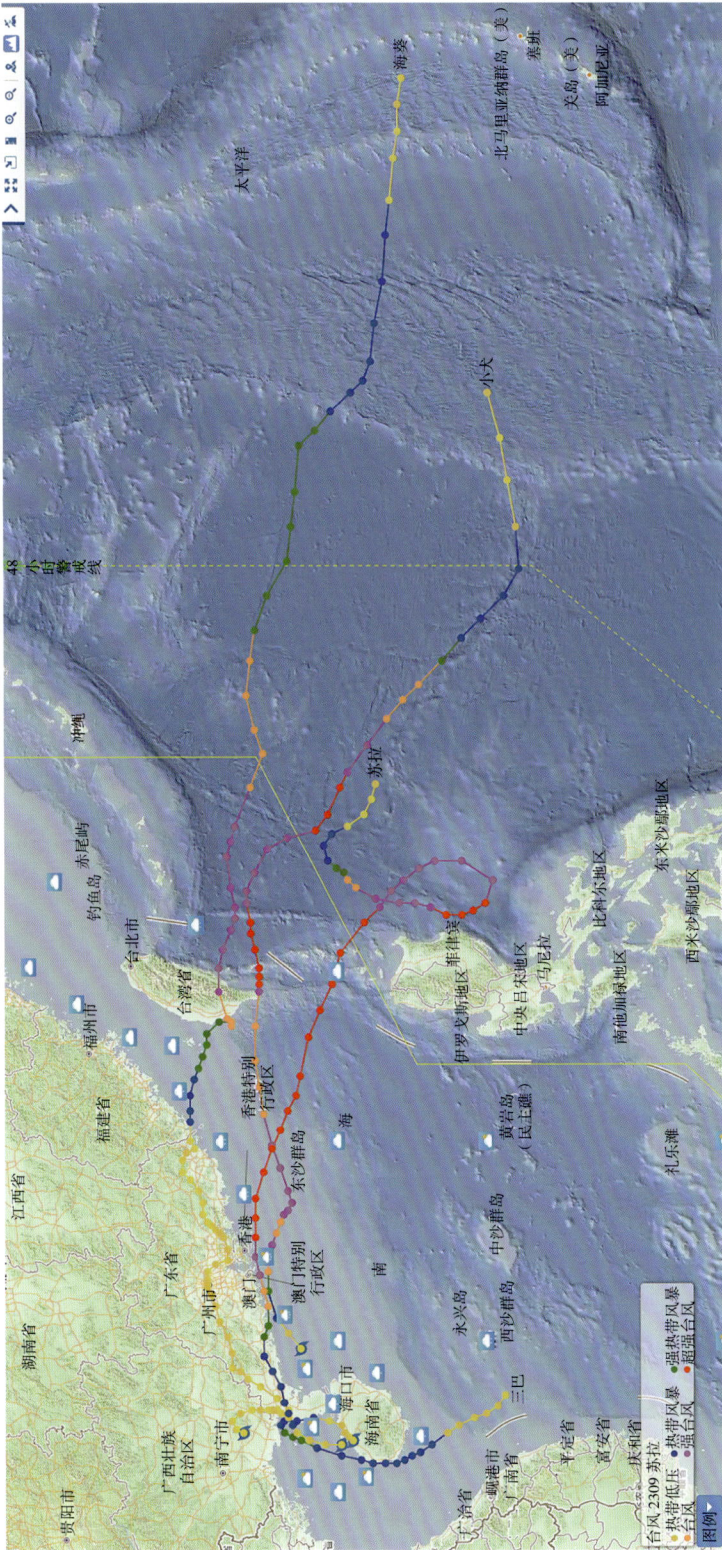

图3.1-6   2023年秋期汛期间登陆我国的台风路径

3.2 暴雨发展过程

2023 年 9 中旬月至 10 月上旬，汉江流域共发生 4 次暴雨过程，累计雨量达到 267.6mm，较多年均值偏多 1.8 倍，位列 1961 年以来同期第 1 位。

9 月中旬至 10 月上旬，汉江流域发生 4 次降雨过程，分别为 9 月 9—12 日、9 月 17—20 日、9 月 22—29 日、10 月 1—2 日。9 月 9 日至 10 月 2 日累计面雨量：石泉—白河 295.9mm、丹皇区间 269.7mm、白河—丹江口 254.9mm、石泉以上 180.7mm、皇庄以下 87.2mm。9 月 9 日至 10 月 19 日累计雨量在 100～250mm 范围的笼罩面积达 7.3 万 km²，大于 250mm 的笼罩面积达 7.7 万 km²，如图 3.2-1 所示。

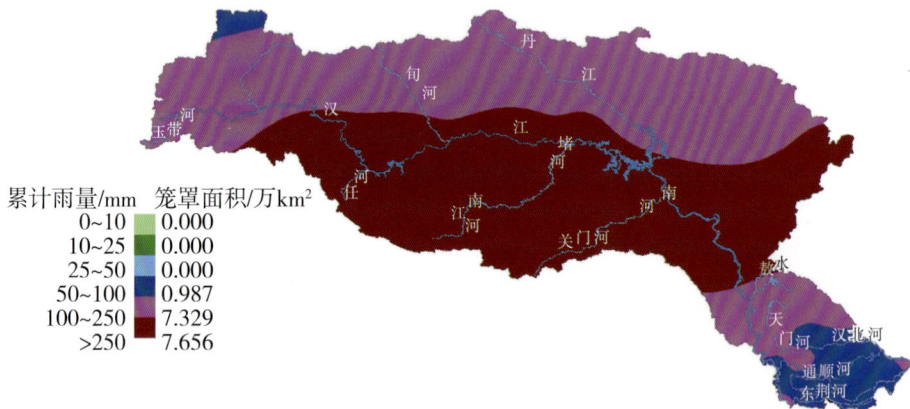

累计雨量/mm	笼罩面积/万 km²
0～10	0.000
10～25	0.000
25～50	0.000
50～100	0.987
100～250	7.329
>250	7.656

图 3.2-1 2023 年 9 月 9 日 8 时至 10 月 3 日 8 时汉江流域累计雨量

9 月 9—12 日，汉江流域发生移动性强降雨过程，强降雨中心位于汉江中游（图 3.2-2）。9—10 日，汉江上中游发生移动性中雨、局地大雨，两日面雨量：石泉以上 23mm、石泉—白河、白河—丹江口 11mm。11 日，雨区范围扩大至上中游干流及以南，降雨强度加强，日面雨量：丹皇区间 32mm，白河—丹江口 22mm，石泉以上 14mm，白河—丹江口 13mm；12 日，雨区东移至汉江流域下游，雨势有所减小，日面雨量：丹皇区间 14mm，白河—丹江口 6mm。过程累计面雨量：丹皇区间 55.5mm，石泉以上 36.8mm，石泉—白河 36.7mm。

9 月 17—20 日，汉江流域自西北向东南发生强降雨过程，强降雨中心位于石泉—丹江口区间（图 3.2-3）。17 日，汉江上游发生中雨、局地大雨，日面雨量：石泉—白河 20mm，石泉以上 18mm；18 日，降雨强度加强，汉江上中游干流以南一带出现暴雨、局地大暴雨，日面雨量：石泉—白河 36mm，石泉以上、丹皇区间 20mm；19 日，雨区范围向东扩大，雨强维持，日面雨量：石泉—白河 44mm，丹皇区间 33mm，白河—丹江口 28mm，石泉以上 21mm；20 日，主雨区向南移出汉江流域，流域雨势减小，日面雨量：石泉—白河 20mm，白河—丹江口 16mm。过程累计面雨量：石泉—白河 119.5mm，丹皇区间 69.4mm，白河—丹江口 69.3mm，石泉以上 68.2mm，皇庄以下 32.3mm。

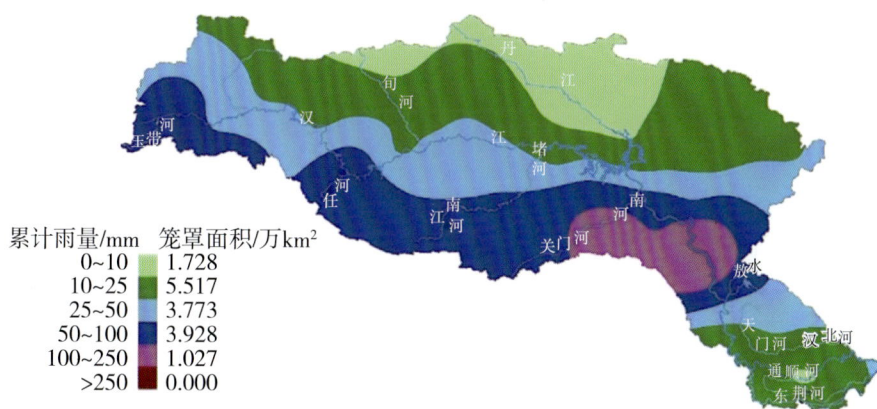

图 3.2-2　2023 年 9 月 9—12 日汉江流域累计雨量

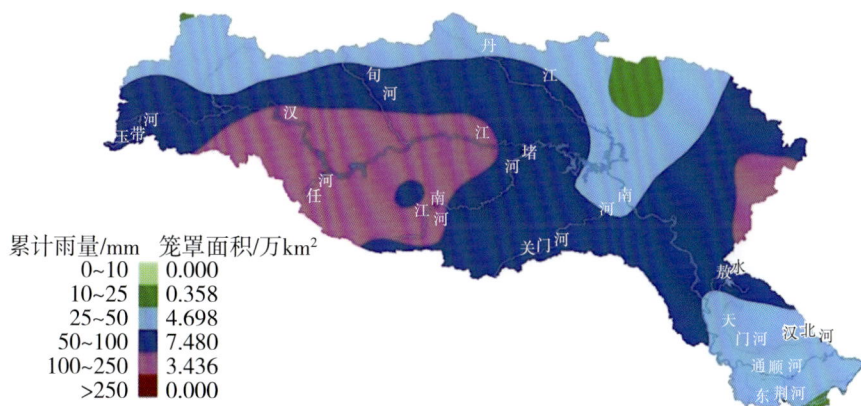

图 3.2-3　2023 年 9 月 17—20 日汉江流域累计雨量

9 月 22—29 日，汉江上中游发生强降雨过程，强降雨中心位于安康—皇庄一带（图 3.2-4）。22 日，安康—皇庄一带发生中—大雨，日面雨量：丹皇区间 21mm，白河—丹江口 18mm；23 日，雨区范围扩大，雨带位置少变，雨势有所增强，日面雨量：丹皇区间 39mm，白河—丹江口 24mm；24—27 日，雨区向上游移动，雨势减小为中雨、局地大雨；28 日，雨区再次向中游移动，雨势增强为中—大雨、局地暴雨，日面雨量：石泉—白河、白河—丹江口 23mm；29 日，雨势减小，日面雨量：白河—丹江口 12mm，石泉—白河 9mm。过程累计面雨量：石泉—白河 112.4mm，白河—丹江口 110.2mm，丹皇区间 91.1mm，石泉以上 70.2mm。

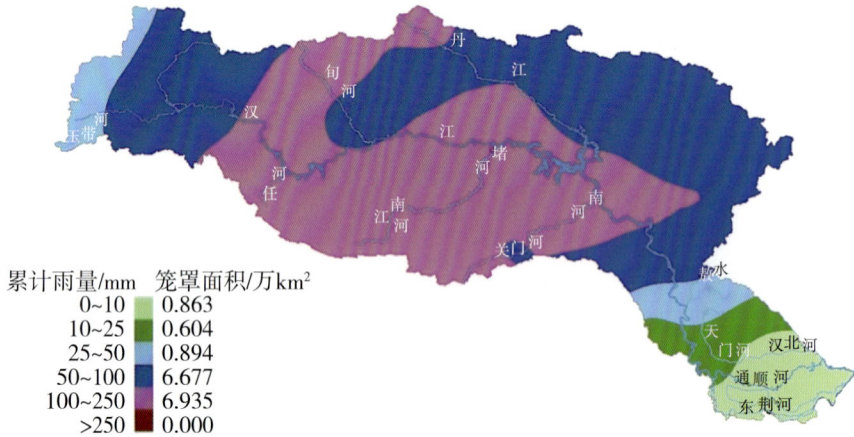

图 3.2-4　2023 年 9 月 22—29 日汉江流域累计雨量

10月1—2日，汉江上中游发生强降水过程，强降雨中心位于安康—皇庄一带（图 3.2-5）。1 日，丹江口水库附近发生暴雨，日面雨量：白河—丹江口 32mm，丹皇区间 30mm，石泉—白河 20mm；2 日，雨区向东移动，雨势有所减小，日面雨量：丹皇区间 21mm，白河—丹江口 9mm。过程累计面雨量：丹皇区间 50.5mm，白河—丹江口 41.2mm。

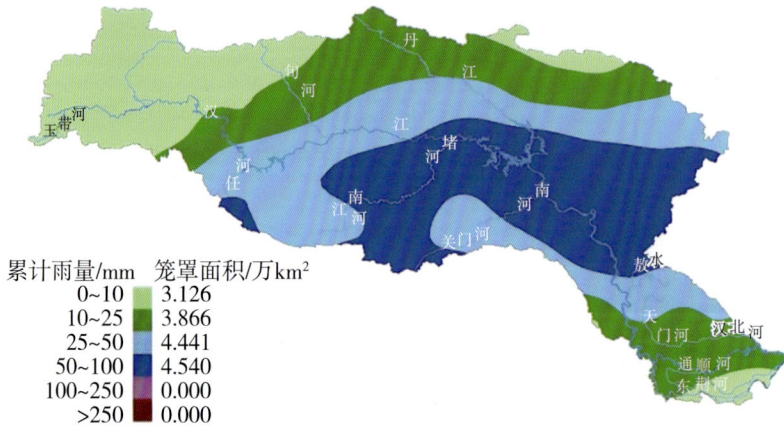

图 3.2-5　2023 年 10 月 1—2 日汉江流域累计雨量

3.3　暴雨特征统计

2023 年 9 月中旬至 10 月上旬，汉江流域共发生 4 次暴雨过程，降水量大、降雨强度强。

3.3.1　过程累计雨量笼罩范围

汉江流域 4 次降雨过程中，2023 年 9 月 9—12 日，累计雨量为 100～250mm 的笼罩范围为 1.03 万 km²；2023 年 9 月 17—20 日，累计雨量为 100～250mm 的笼罩范围为 3.484 万 km²；2023 年 9 月 22—29 日，累计雨量为 100～250mm 的笼罩范围为 6.931 万 km²；2023 年 10 月 1—2 日，累计雨量为 100～250mm 的笼罩范围为 0.095 万 km²。

可见，4 次降雨过程中最强降雨过程为 2023 年 9 月 22—29 日，累计雨量为 100～250mm 的笼罩范围为 6.931 万 km²；最弱降雨过程为 2023 年 10 月 1—2 日，累计雨量为 100～250mm 的笼罩范围为 0.095 万 km²。

3.3.2　过程累计面雨量

2023 年 9 月 9—12 日，过程累计面雨量：丹皇区间 55.5mm，石泉以上 36.8mm，石泉—白河 36.7mm，白河—丹江口 30.3mm；2023 年 9 月 17—20 日，过程累计面雨量：石泉—白河 119.5mm，丹皇区间 69.4mm，白河—丹江口 69.3mm，石泉以上 68.2mm，皇庄以下 32.3mm；2023 年 9 月 22—29 日，过程累计面雨量：石泉—白河 112.4mm，白河—丹江口 110.2mm，丹皇区间 91.1mm，石泉以上 70.2mm；2023 年 10 月 1—2 日，过程累计面雨量：丹皇区间 50.5mm，白河—丹江口 41.2mm。

可见，4 次降雨过程累计分区面雨量最大值为 2023 年 9 月 17—20 日石泉—白河 119.5mm，最小为 2023 年 10 月 1—2 日丹皇区间 50.5mm。

3.3.3　日最大面雨量

2023 年 9 月 9—12 日，日最大面雨量为 11 日，丹皇区间 32mm，石泉—白河 22mm；2023 年 9 月 17—20 日，日最大面雨量为 19 日，日面雨量：石泉—白河 44mm，丹皇区间 33mm，白河—丹江口 28mm，石泉以上 21mm；2023 年 9 月 22—29 日，日最大面雨量为 23 日，丹皇区间 39mm，白河—丹江口 24mm；2023 年 10 月 1—2 日，日最大面雨量为 1 日，白河—丹江口 32mm，丹皇区间 30mm，石泉—白河 20mm。

可见，日最大面雨量最大为 9 月 19 日丹皇区间 44mm，最小为 9 月 11 日丹皇区间 32mm、10 月 1 日白河—丹江口 32mm。

3.4 暴雨时空分布

3.4.1 在时间分布方面

9 月中旬至 10 月上旬，汉江流域共发生 4 次暴雨过程，暴雨发生时间分别为 9 月 9—12 日、9 月 17—20 日、9 月 22—29 日、10 月 1—2 日，暴雨过程持续时长分别为 4 天、4 天、8 天、2 天，暴雨过程间隙分别 4 天、1 天、1 天（表 3.4-1）。秋雨过程开始时间为 8 月 23 日，较常年偏早 10 天，而暴雨发生时间较晚（8 月上中旬无暴雨过程）。暴雨过程持续时间较长，4 次中有 3 次过程持续 3 天及以上，其中 9 月 22—29 日过程长达 8 天，暴雨过程间隙时长不均。

3.4.2 在空间分布方面

从表 3.4-1 可见，暴雨过程强雨区主要集中在汉江流域上中游石泉—皇庄段。图 3.4-1 为 4 次暴雨过程累计雨量图，由图 3.4-1 可知，这 4 次暴雨过程最强雨区分别位于丹皇区间、石泉—丹江口、石泉—皇庄、白河—皇庄，进一步说明了秋汛期强降水落区较为集中、重叠度高，多出现在汉江上中游石泉—皇庄段。

表 3.4-1　　　2023 年 9 月中旬至 10 月上旬汉江流域暴雨过程统计

月份	起止时间	降水强度	强降水中心	累计前三面雨量及落区/mm
9 月	9—12 日	中—大雨、局地暴雨	汉江中游	丹皇区间 55.5mm，石泉以上 36.8mm，石泉—白河 36.7mm

续表

月份	起止时间	降水强度	强降水中心	累计前三面雨量及落区/mm
9 月	17—20 日	大—暴雨	汉江上游	石泉—白河 119.5mm，丹皇区间 69.4mm，白河—丹江口 69.3mm
	22—29 日	大雨、局地暴雨	汉江上中游	石泉—白河 112.4mm，白河—丹江口 110.2mm，丹皇区间 91.1mm
10 月	1—2 日	大雨、局地暴雨	汉江中游	丹皇区间 50.5mm，白河—丹江口 41.2mm，石泉—白河 25.4mm

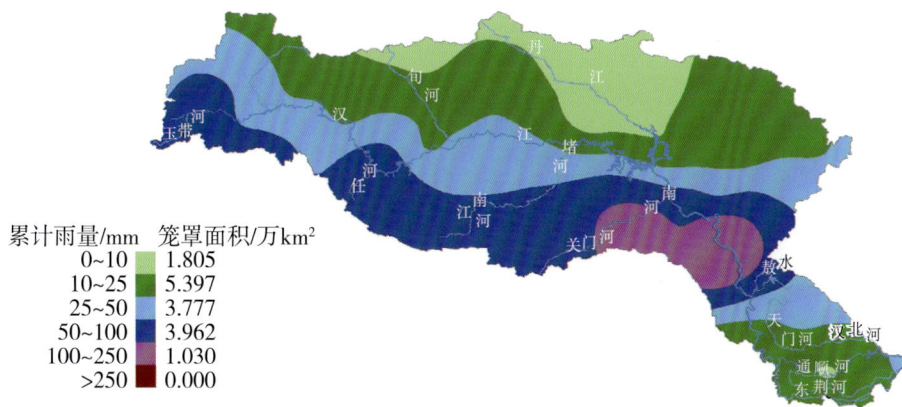

（a）9 月 9—12 日

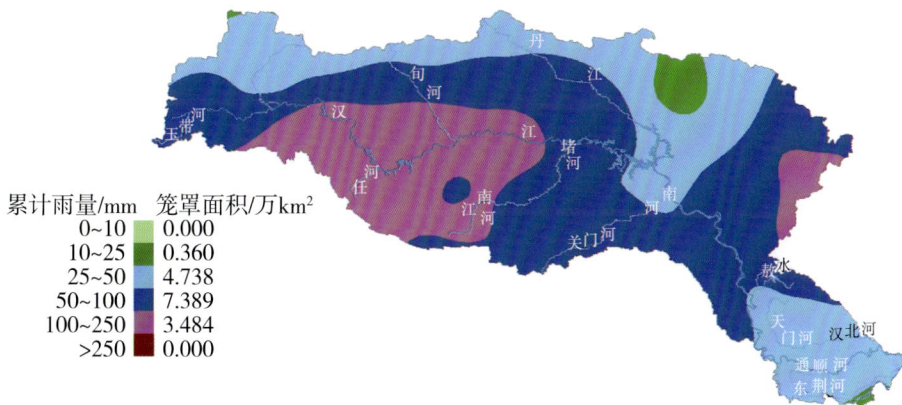

（b）9 月 17—20 日

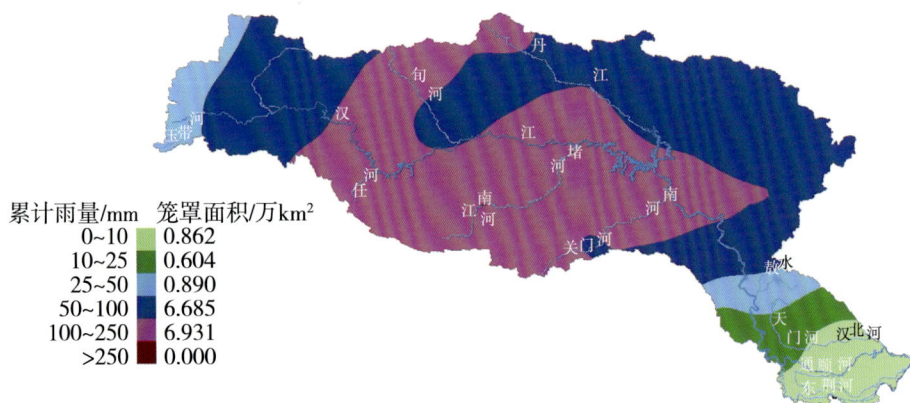

累计雨量/mm 笼罩面积/万 km²
0~10 0.862
10~25 0.604
25~50 0.890
50~100 6.685
100~250 6.931
>250 0.000

(c) 9 月 22—29 日

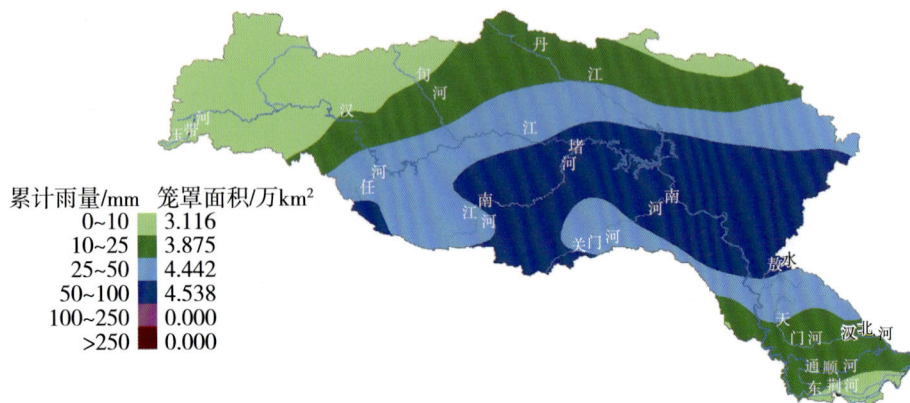

累计雨量/mm 笼罩面积/万 km²
0~10 3.116
10~25 3.875
25~50 4.442
50~100 4.538
100~250 0.000
>250 0.000

(d) 10 月 1—2 日

图 3.4-1　2023 年 9 月中旬至 10 月上旬暴雨过程累计雨量

3.4.3　在降雨强度方面

就单日面雨量而言，在 9 月 9—12 日的过程中，9 月 11 日丹皇区间日面雨量 32mm，达到暴雨量级；在 9 月 17—20 日过程中，9 月 19 日石泉—白河区间日面雨量 44mm，达到暴雨量级，且 9 月 18 日双河站日面雨量达 206mm、9 月 19 日襄阳站日面雨量达 113mm；在 9 月 22—29 日过程中，9 月 23 日丹皇区间日面雨量 39mm 达到暴雨量级；在 10 月 1—2 日过程中，白河—丹江口日面雨量 32mm，达到暴雨量级。可见，秋雨期降雨过程有强度大、极端性强的特点。

3.5　暴雨特点

2023 年 9 月下旬至 10 月上旬，汉江流域发生明显秋汛，自 8 月下旬以来，汉江流域暴雨过程频繁，极端性强，雨区重叠度高。2023 年汉江流域秋汛期降水特点如下：

（1）汉江流域秋汛期降雨强度强、降水量异常偏多

2023 年秋汛期 9 月下旬至 10 月上旬，汉江流域降水异常偏多，累计雨量 267.6mm，较均值偏多 1.8 倍，汉江中下游雨量 250.8mm，较均值偏多 2.5 倍。2023 年汉江流域秋汛期累计雨量排 1961 年以来历史同期第 1 位，其中，石泉—白河较 30 年均值偏多 1.7 倍、白河—丹江口较 30 年均值偏多 2 倍、丹皇区间较 30 年均值偏多近 3.2 倍，降雨强度大、降水量异常偏多。

（2）秋雨开始时间早、结束时间晚、历时长、极端性强

2023 年汉江上游秋雨开始时间为 8 月 23 日，较常年偏早 10 天，结束于 11 月 16 日，较常年偏晚 13 天，历时共 85 天，较多年平均持续时长偏多 24 天。汉江流域秋季暴雨极端性强，多站达暴雨甚至大暴雨等级，如 8 月 26 日发生的大—暴雨、局地大暴雨强降水过程中，丹皇区间牛首站日面雨量达 188.6mm、9 月 18 日丹皇区间双河站日面雨量达 206mm，均达到大暴雨量级，降水极端性强。

（3）秋雨过程持续时间长、间隔时间不均、强降雨中心重叠度高

9 月中旬至 10 月上旬，汉江流域共发生 4 次暴雨及以上的强降水过程，暴雨发生时间分别为 9 月 9—12 日、9 月 17—20 日、9 月 22—29 日、10 月 1—2 日，4 次中有 3 次过程持续 3 天及以上，其中，9 月 22—29 日过程长达 8 天，暴雨过程持续时间长，暴雨过程间隙分别 4 天、1 天、1 天，暴雨过程时间间隔不均。暴雨过程强降水中心均集中在汉江上游或中游，主要集中在石泉—白河、白河—丹江口和丹皇 3 个区间，强降雨中心重叠度高、暴雨叠加效应突出。

3.6 与典型年秋季暴雨过程比较

选取汉江秋季致洪暴雨典型年份 1983 年、2005 年和 2021 年，与 2023 年汉江秋季暴雨过程进行对比分析。

1983 年 10 月上旬，汉江流域出现大暴雨过程，降雨雨势猛、强度大、范围广，致使汉江流域发生秋季较为罕见的大洪水。10 月 3—6 日仅 4 天降雨，丹江口水库以上流域平均降水量达 128mm，暴雨中心自北向南、自西向东移动，与河流流向一致，致使洪水沿程发生遭遇；2005 年 9 月下旬至 10 月上旬汉江中上游地区出现连续降雨过程，尤其是 9 月 30 日至 10 月 3 日持续性强降雨致使汉江上游发生严重秋汛，强降雨区主要集中在汉江上游，秋汛期最强降雨过程出现在 9 月 30 日至 10 月 3 日，其中 9 月 30 日至 10 月 2 日降雨强度为最强，3 天累计单站雨量最大为上游石泉以上（干流以南）的钟家沟站 224mm；2021 年 8 月下旬至 10 月上旬，汉江流域共发生 8 次暴雨过程，1 次大雨级别的降水过程，上游降水量列 1961 年以来历史同期第 1 位，累计雨量达到 535.6mm，较历史同期偏多 1.7 倍，流域发生超 20 年一遇大洪水。其中，9 月 23—26 日过程中，9 月 24 日中游唐白河鸭河口水库以上有特大暴雨，日面雨量达 166mm，唐白河杨西庄站单站日雨量达 454mm，导致丹江口水库发生近 10 年最大入库洪水过程，鸭河口发生超历史特大洪水。2023 年 8 月下旬至 10 月上旬，汉江流域共发生 7 次降雨过程，其中 6 次暴雨过程，流域累计降水量 363.5mm，为近 30 年同期均值的 1.1 倍，造成 9 月下旬至 10 月上旬汉江流域发生 2 次明显洪水过程，接连发生 2 次编号洪水，其中最大降水过程为 9 月 22—29 日。4 次秋季暴雨与典型年最强暴雨过程对比分析如下：

3.6.1 雨带移动过程、走向及强降雨集中时间对比

1983 年 10 月 3—6 日，3 日主雨带从汉江上游干流以北地区开始，雨区呈东—西向带状分布；4 日雨区向东向南扩展，主雨带仍呈东—西向带状分布，主要暴雨中心仍在上游干流以北；5 日雨带南压，暴雨区南移到汉江干流以南地区，主雨带呈西北—东南带状分布，暴雨区范围扩大；6 日雨区继

续南移，汉江上中游降雨接近尾声。本次过程强降雨时段主要集中在 4—6 日 3 天。

2005 年 9 月 30 日至 10 月 3 日，9 月 30 日主雨带从汉江上游石泉以上开始，雨带呈东北—西南向带状分布；10 月 1 日雨带向东移动，主要暴雨中心从石泉以上扩展至石泉以上—安康水库一带，雨带呈南—北向分布；2 日雨带向东向南移动，主雨带移至石泉—丹江口一带，雨带仍呈东北—西南向带状分布，暴雨区移至汉江上游干流以南；3 日主雨带移出汉江流域，流域降雨减小，上游干流以南呈局部中雨。本次过程强降雨时段主要集中在 9 月 30 日至 10 月 2 日 3 天。

2021 年 9 月 23—26 日，9 月 23 日主雨带从汉江上中游干流北部开始，雨带分为东、西两段分布，暴雨区主要集中在丹江口以上；24 日雨带北移，呈东—西向带状分布，主要暴雨及大暴雨区域南部部分位于汉江上中游干流以北；25 日雨带西移，主雨区向上游移动至石泉以上，雨带呈东北—西南向分布；26 日雨带暴雨区扩大，并向西南移动，雨带仍呈东北—西南向分布。暴雨区主要位于石泉以上。本次过程强降雨时段主要集中在 23—26 日 4 天。

2023 年 9 月 22—29 日，9 月 22 日主雨带从汉江中游开始，雨带呈东北—西南向带状分布；23 日雨带位置变动较小，雨区范围扩大，主雨区集中在丹皇区间，暴雨区位于该段干流北部；24—27 日，雨带向上游移动，仍主要呈东北—西南向分布，雨强和雨区范围均减小；28—29 日，雨区再次向中游移动，雨区范围扩大，雨带走向逐渐转为东—西向分布。本次过程强降雨时段主要集中在 22—23、28—29 日 4 天。

综上，从雨带移动过程、走向及强降雨集中时间来看，上述 3 次典型暴雨过程的相同之处在于强降雨集中持续时间较短，均为 3～4 天，且降雨过程起始区域均位于汉江上中游。不同之处在于雨带移动过程及雨带走向有所差异。1983 年暴雨过程主雨区雨带以东—西向带状分布为主，且在降雨过程中保持该形态，移动过程以向东向南移动为主；2005 年暴雨过程主雨区雨带主要以南—北向带状分布为主，形态变化较小，移动过程也以向东向南移动为主；2021 年暴雨过程主雨区雨带在过程前 2 日以东—西向带状分布为主，过程后 2 日转变为南—北向带状分布为主。移动过程先向北移动再向西移动，最后向东南移动，雨带形态和移动走向多变；2023 年暴雨过程主雨区雨带在过程前 6 日以东北—西南向带状分布为主，后 2 日逐渐转为东—西向分布。移动过程先向西北移动，再向东南移动，雨带形态和移动走向均较为多变。

3.6.2 主雨带位置、累计雨量及笼罩面积对比

1983 年 10 月 3—6 日、2005 年 9 月 30 日至 10 月 3 日、2021 年 9 月 23—26 日及 2023 年 9 月 22—29 日的暴雨过程累计雨量如图 3.6-1 所示。由图 3.6-1 可见，1983 年暴雨过程累计雨量大值区基本覆盖整个汉江流域，累计雨量为 100～250mm 的笼罩面积为 13.411 万 km²，4 日累计面雨量皇庄以下 151mm、石泉—白河 145mm、白河—丹江口 138mm、丹皇区间 119mm、石泉以上 90mm；2005 年暴雨过程累计雨量大值区主要分布在汉江流域上中游，累计雨量为 100～250mm 的区域主要位于安康水库以上，笼罩面积为 3.806 万 km²，4 日累计面雨量石泉—白河 115mm、石泉以上 112mm、白河—丹江口 55mm；2021 年暴雨过程累计雨量大值区主要分布在汉江流域北岸及西岸，中游干流以南及下游降水量明显较小，累计雨量为 100～250mm 的笼罩面积为 3.566 万 km²，4 日累计面雨量石泉以上 125mm、石泉—白河 44mm、丹皇区间 41mm。2023 年暴雨过程累计雨量大值区主要分布在汉江流域上中游，累计雨量为 100～250mm 的区域主要位于石泉—皇庄段干流及以南，笼罩面积为 6.931 万 km²，8 日累计面雨量石泉—白河 112mm、石泉—丹江口 110mm、丹皇区间 91mm，如表 3.6-1 所示。

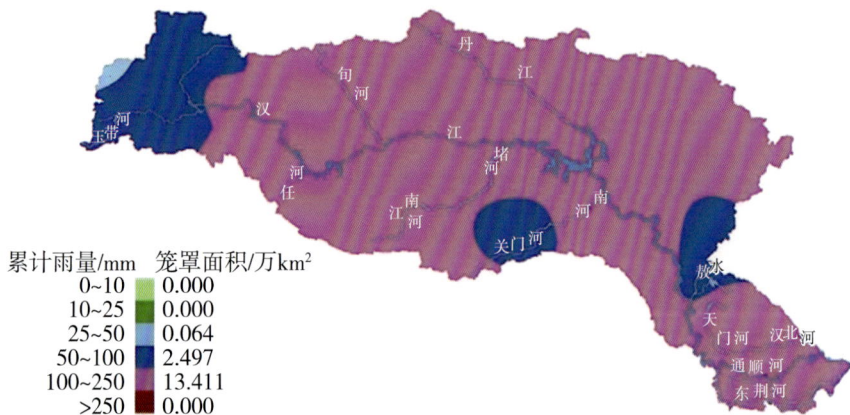

累计雨量/mm	笼罩面积/万 km²
0～10	0.000
10～25	0.000
25～50	0.064
50～100	2.497
100～250	13.411
>250	0.000

(a) 1983 年 10 月 3—6 日

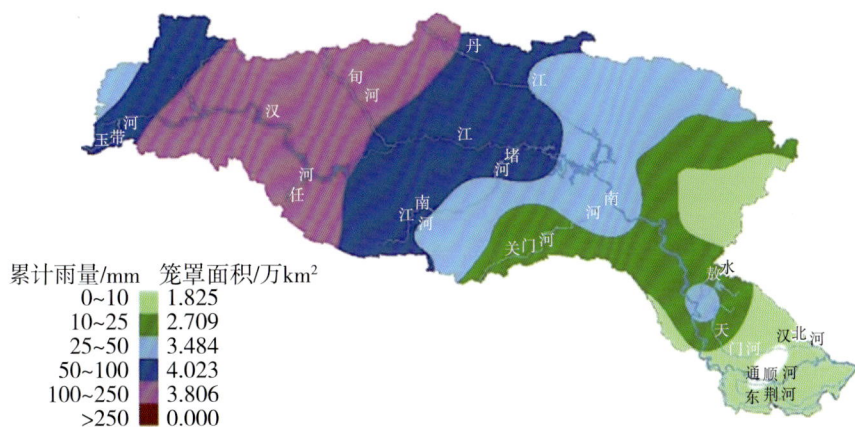

（b）2005 年 9 月 30 至 10 月 3 日

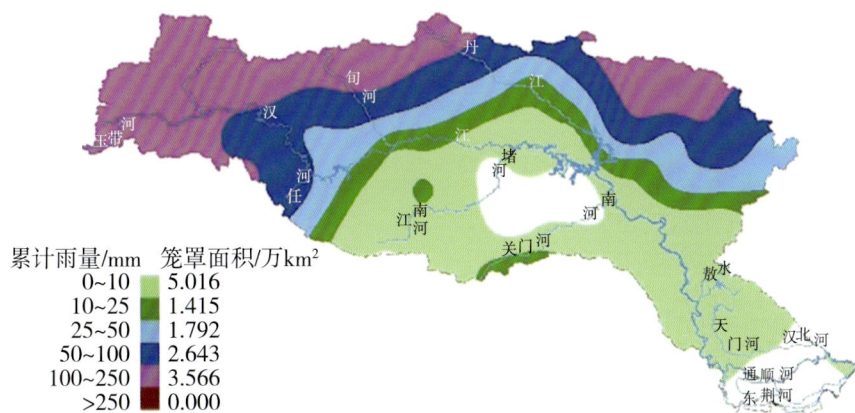

（c）2021 年 9 月 23—26 日

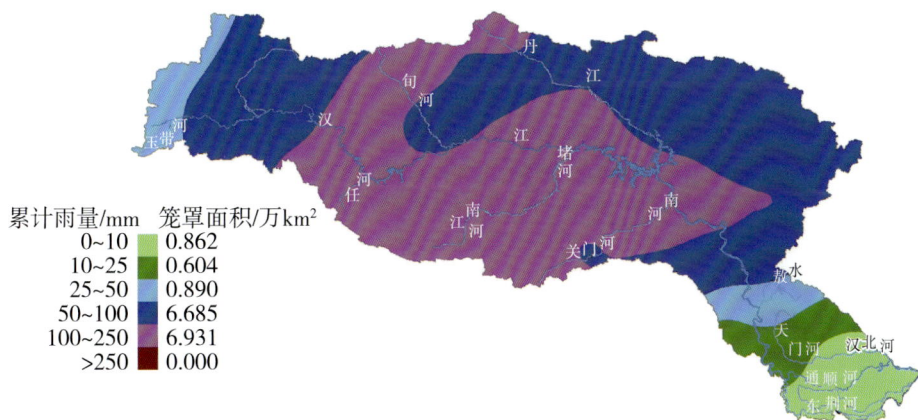

（d）2023 年 9 月 22—29 日

图 3.6-1　1983 年 10 月 3—6 日、2005 年 9 月 30 日至 10 月 3 日、

2021 年 9 月 23—26 日、2023 年 9 月 22—29 日汉江流域暴雨过程累计雨量

表 3.6-1   典型年汉江流域秋季暴雨过程对比

年份	时间	过程持续时长/天	雨带走向	暴雨大值区	累计雨量100～250mm笼罩面积/万 km²	累计面雨量
1983	10 月3—6 日	4	东—西向带状	汉江全流域	13.411	皇庄以下 151mm、石泉—白河 145mm、白河—丹江口 138mm
2005	9 月 30 日至 10 月 3 日	4	南—北向带状	汉江上中游	3.806	石泉—白河 115mm、石泉以上 112mm、白河—丹江口 55mm
2021	9 月23—26 日	4	东—西向转南—北向	汉江北岸及西岸	3.566	石泉以上 125mm、石泉—白河 44mm、丹皇区间 41mm
2023	9 月22—29 日	8	东北—西南向转东—西向	汉江上中游	6.931	石泉—白河 112mm、石泉—丹江口 110mm、丹皇区间 91mm

第 4 章　2023 年汉江秋季洪水分析

2023 年秋季，汉江流域出现明显秋汛洪水过程，接连发生 2 次编号洪水，丹江口水库入库流量 2 次涨至 10000 m^3/s 量级以上，受丹江口水库泄洪及丹皇区间强降雨共同影响，汉江中下游干流主要控制站相继超警，超警幅度 0.15～1.02m，超警历时 2～4 天，皇庄站发生自 1984 年以来最高水位 49.02m。丹皇区间支流清河发生超历史洪水、蛮河发生超警戒洪水。2 次编号洪水过程中，流域水库群充分发挥拦洪、削峰、错峰作用，有效降低汉江中下游主要控制站洪峰水位，最大降幅 0.7～1.5m，缩短主要控制站水位超警戒时间 5～11 天，丹江口水库再次实现 170m 满蓄目标，防洪与兴利效益显著。

4.1　洪水发展过程

9 月中旬至 10 月上旬，主要受副热带高压西伸北抬及冷空气南下影响，汉江流域发生多轮降水过程，出现明显秋汛洪水过程。考虑到洪水发生发展较降水过程具有一定的滞后性，将整个洪水过程划分为 4 个阶段，2023 年汉江秋汛期丹江口水库入、出库流量及库水位过程如图 4.1-1 所示，2023 年汉江秋汛期皇庄、仙桃、汉川站水位流量过程如图 4.1-2 至图 4.1-4 所示。

（1）第一阶段（9 月 10—21 日）

汉江流域发生 2 次强降水过程，汉江上游多条支流发生超警戒洪水，流域下垫面土壤含水量逐步增大，为后续汉江流域洪水形成奠定了较好的产流条件。

受强降水影响，汉江上游多条支流发生较大涨水过程，其中坝河、月河发生超警戒流量洪水。干流安康水库发生 1 次明显涨水过程，最大入库流量为 10900m^3/s（9 月 19 日 13 时），出库流量按 1200 m^3/s 左右控制，水库最高调洪水位 324.15m；堵河来水平稳。干流白河站、丹江口水库均发生较大涨水过程，丹江口水库出现 1 次明显洪水过程，最大入库流量 9070m³/s（9月 20 日 7 时），出库流量在 750~1750m³/s 波动，库水位持续上涨，9 月 22日 0 时涨至 164.98m。丹皇区间多条支流亦发生较大涨水过程，中下游干流主要站水位波动上涨，但均未超过警戒水位。

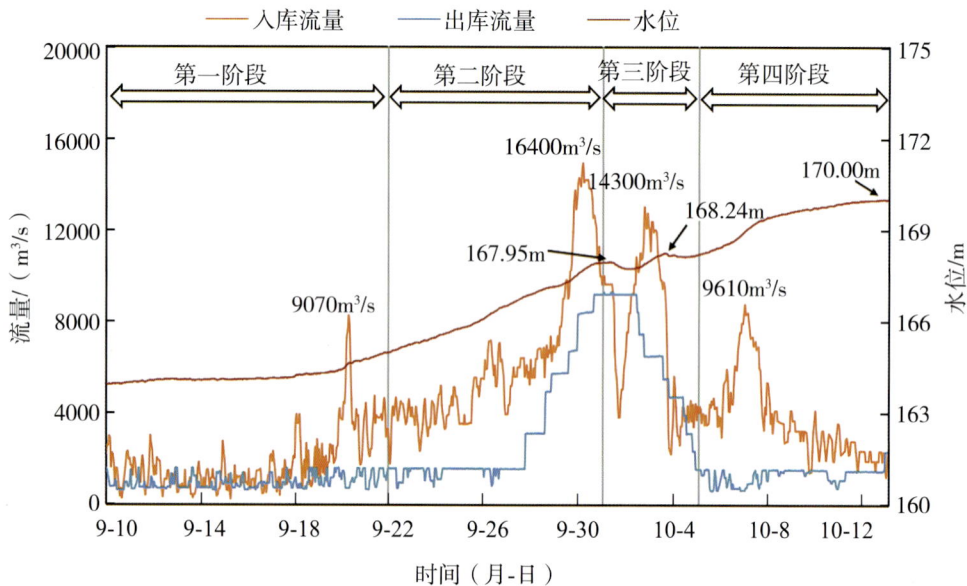

图 4.1-1　2023 年汉江秋汛期丹江口水库入、出库流量及库水位过程

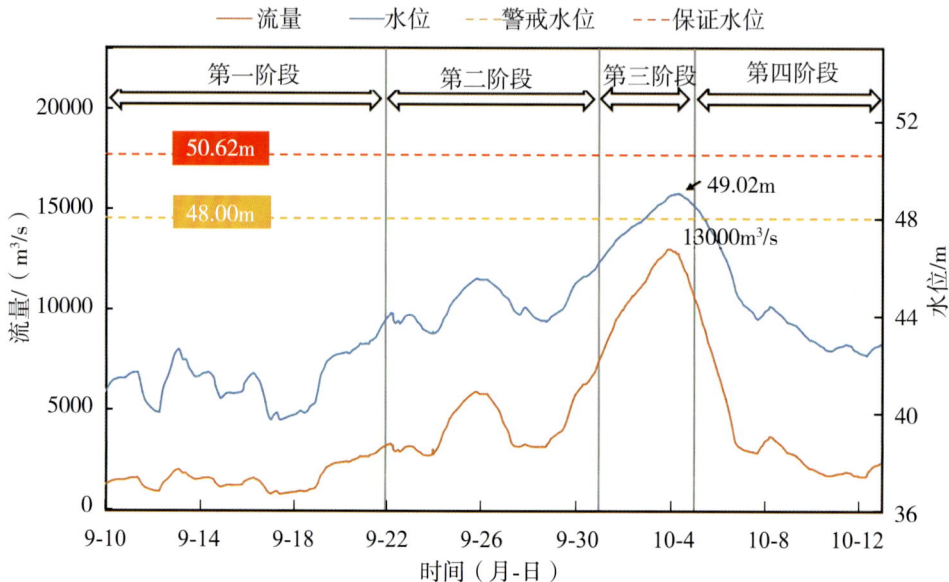

图 4.1-2　2023 年汉江秋汛期皇庄站水位流量过程

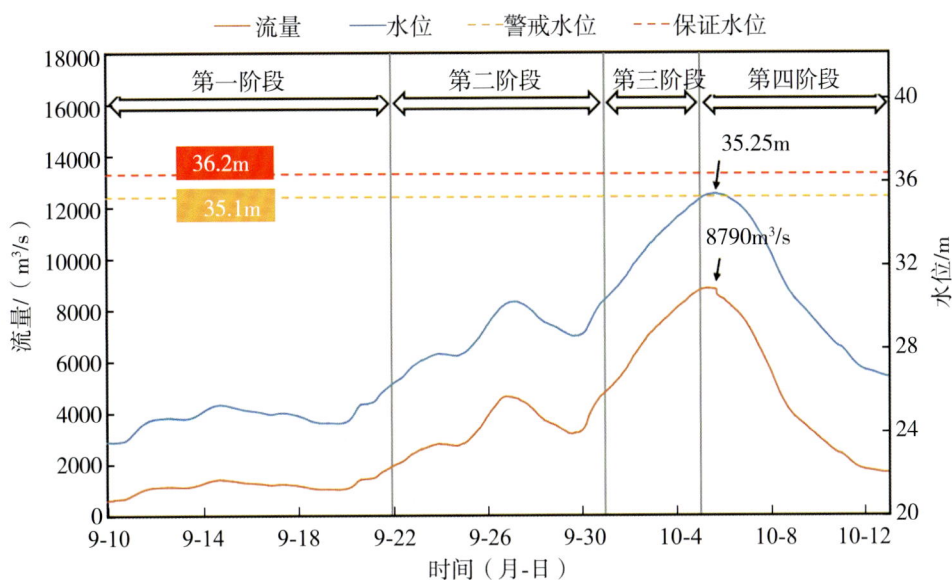

图 4.1-3 2023 年汉江秋汛期仙桃站水位流量过程

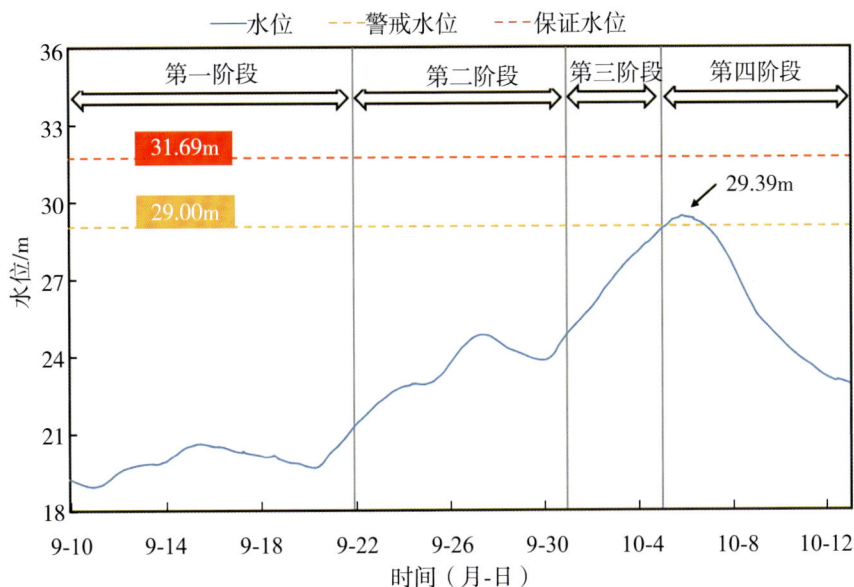

图 4.1-4 2023 年汉江秋汛期汉川站水位流量过程

本阶段，汉江兴隆站来水逐步增加，最大流量 3610m³/s（9 月 23 日 15 时），东荆河潜江站最大流量 397m³/s（9 月 23 日 11 时 40 分），分流比 11.0%。

（2）第二阶段（9 月 22—30 日）

汉江流域发生持续强降水过程，上游多条支流再次发生超警戒洪水，

"汉江 2023 年第 1 号洪水"在汉江上游形成，中下游干流主要控制站水位波动上涨。

受持续强降水影响，汉江上游多条支流再次发生较大涨水过程，其中黄洋河、坝河发生超警戒流量洪水。干流安康水库发生 1 次明显涨水过程，最大入库流量为 10000m³/s（9 月 29 日 14 时），日均出库流量 4500m³/s 左右，水库最高调洪水位 327.18m（超汛限水位 2.18m）；堵河来水增加，黄龙滩水库发生 1 次明显涨水过程，最大入库流量 4500m³/s（9 月 30 日 3 时）。受上游来水叠加区间来水降水影响，丹江口水库发生 1 次 10000m³/s 量级以上的涨水过程，最大入库流量 16400m³/s（9 月 30 日 4 时），达到编号标准，"汉江 2023 年第 1 号洪水"在汉江上游形成，出库流量由 1700m³/s 逐步加大到 10100m³/s，水库最高调洪水位 167.95m（10 月 1 日 6 时）。受上游水库拦蓄及区间来水影响，中下游干流主要控制站水位波动上涨，其中皇庄站水位涨至 46.18m（10 月 1 日 0 时），相应流量 7440m³/s，本阶段汉江中下游干流各站水位未涨至警戒水位以上。

本阶段，汉江兴隆站来水波动上涨，最大流量 6290m³/s（10 月 1 日 0 时），东荆河潜江站最大流量 783m³/s（10 月 1 日 0 时），分流比 12.4%。

（3）第三阶段（10 月 1—4 日）

汉江流域发生 1 次强降水过程，丹江口水库再次发生较大涨水过程，"汉江 2023 年第 2 号洪水"在汉江中游形成，汉江中下游主要控制站相继超警戒水位。

受强降水影响，汉江上游多条支流第三次发生较大涨水过程。干流安康水库最大入库流量为 5530m³/s（10 月 3 日 1 时），堵河来水平稳。受上游来水影响，丹江口水库再次发生 10000m³/s 量级以上的洪水过程，入库洪峰 14300m³/s（10 月 2 日 17 时），出库流量由 10100m³/s 逐步减小至 5160m³/s，水库最高调洪水位 168.24m（10 月 3 日 13 时）。

汉江中下游主要控制站水位相继超警戒水位，10 月 2 日 22 时皇庄站水位涨至 48.02m，超过警戒水位 0.02m，达到编号标准，"汉江 2023 年第 2 号洪水"在汉江中游形成，3 日洪峰通过襄阳河段，并逐步向下游演进。支流清河清河店站洪峰水位 69.45m（10 月 3 日 2 时，超警戒水位 0.45m），干流宜城站洪峰水位 57.54m（10 月 3 日 10 时 30 分，超警戒水位 0.04m），皇庄站洪峰水位涨至最高 49.02m（10 月 4 日 7 时 54 分，超警戒水位 1.02m），相应流量 12800m³/s，沙洋（三）站洪峰水位 42.36m（10 月 4 日 23 时 10 分，超警戒水位 0.56m）。

叠加上游水库调度和区间来水影响，兴隆站、潜江站流量持续增加，兴隆站最大流量 12900m³/s（10 月 4 日 16 时），东荆河潜江站最大流量 2730m³/s（10 月 5 日 5 时），分流比 21.2%。

（4）第四阶段（10 月 5—12 日）

汉江流域强降水已基本结束，丹江口水库水位自 2013 年大坝加高后第二次拦蓄至正常蓄水位 170m，中下游主要站水位现峰并相继退出警戒水位。

本阶段，汉江流域上游发生 1 次小—中雨过程。石泉、安康、黄龙滩水库充分利用来水，逐步拦蓄至正常蓄水位附近，丹江口水库发生 1 次较大涨水过程，最大入库流量 9610m³/s（10 月 6 日 22 时），库水位稳步拦蓄，10 月 12 日 19 时，丹江口水库在大坝加高后继 2021 年第 2 次蓄至正常蓄水位 170m。

10 月 6 日以后，汉江流域强降水已基本结束，受上游来水减小影响，汉江中下游主要控制站水位现峰或消退。其中，仙桃（二）站洪峰水位 35.25m（10 月 5 日 16 时 5 分，超警戒水位 0.15m），相应流量 8740m³/s；汉川站洪峰水位 29.39m（10 月 5 日 20 时，超警戒水位 0.39m）；皇庄站水位 10 月 5 日 10 时退出警戒水位（48m）；仙桃站水位 10 月 6 日 3 时退出警戒水位（35.1m）；汉川站水位 10 月 6 日 20 时退出警戒水位（29m），至此，汉江流域各站全面退出警戒水位。10 月 7 日，上游来水退至 4000m³/s 左右波动。

4.2　洪水要素特征

9 月下旬至 10 月上旬，汉江流域接连发生 2 次编号洪水，丹江口水库入库流量 2 次涨至 10000 m³/s 量级以上。受强降雨影响，汉江上游主要支流月河、黄洋河、坝河、堵河先后发生超警戒水位洪水。其中，月河长枪铺站最大流量 1620m³/s（9 月 19 日 19 时 30 分，超警戒流量 620m³/s），黄洋河县河口站最大流量 648m³/s（9 月 29 日 20 时 30 分，超警戒流量 148m³/s），坝河桂花园站最大流量 942m³/s（9 月 29 日 20 时，超警戒流量 442m³/s），堵河竹山站洪峰水位 256.74m（9 月 29 日 23 时，超警戒水位 0.74m）、相应流量 4650m³/s。丹江口水库发生 2 次 10000m³/s 量级以上的涨水过程，最大入库流量 16400m³/s（9 月 30 日 4 时）。

受丹江口水库泄洪及丹皇区间强降雨共同影响，汉江中下游干流主要控制站皇庄、沙洋、仙桃、汉川站相继超警，最高水位分别为 49.02m、42.36m、35.25m、29.39m，超警幅度 0.15～1.02m，超警历时 2～4 天，皇庄站发生自 1984 年以来最高水位 49.02m。丹皇区间支流清河发生超历史洪水、蛮河发生超警戒洪水。各场次洪水过程特征值统计如表 4.2-1 所示。

表 4.2-1　　　9 月 10 日至 10 月 10 日主要场次洪水过程特征值统计

（单位：流量，m³/s；水位，m）

流域	水库/水文站点	警戒水位/流量	峰现时间	洪峰水位/流量	超警戒水位/流量
汉江上游	丹江口	—	9 月 20 日 07：00	9070	—
			9 月 30 日 04：00	16400	
			10 月 2 日 17：00	14300	
			10 月 6 日 22：00	9610	
	长枪铺	1000	9 月 19 日 19：30	1620	620
	县河口	500	9 月 29 日 20：30	648	148
	桂花园	500	9 月 29 日 20：30	942	442
	竹山	256	9 月 29 日 23：00	256.74	0.74
汉江中下游	皇庄	48	10 月 4 日 07：54	49.02	1.02
	沙洋	41.8	10 月 4 日 23：10	42.36	0.56
	仙桃	35.1	10 月 5 日 16：05	35.25	0.15
	汉川	29	10 月 5 日 20：00	29.39	0.39
	朱市	60	10 月 3 日 11：00	60.07	0.07

4.3　洪水地区组成

9 月下旬至 10 月上旬，受持续降雨影响，汉江上游来水明显增加，丹江口水库入库发生明显秋汛过程，皇庄站出现 1984 年以来最高水位。本节分析丹江口水库秋汛期入库洪水及皇庄站洪水组成。

4.3.1　丹江口入库洪水组成

丹江口以上为汉江流域上游，控制流域面积 95217km²，约占汉江全流域面积的 60％。丹江口水库以上主要支流有堵河、丹江，通过计算汉江上游白河站、堵河、丹江口区间最大 1d、3d、7d、15d 洪量，分析本次秋汛期间丹江口入库洪水组成。2023 年 9—10 月，丹江口入库最大 1d、3d、7d、15d、30d 洪量地区组成分析结果见表 4.3-1。从表 4.3-1 中可以看出，丹江口入库最大 1d、3d、7d、15d、30d 占比最大为汉江上游白河站，丹江口区间和堵河黄龙滩站最大 30d 洪量基本相当。其中，汉江上游白河站来水占比在 55.0％～64.8％，丹江口区间来水占比在 12.5％～19.3％，堵河黄龙滩站来水占比在 18.9％～29.3％。由此可见，2023 年秋汛期期间丹江口入库洪水主要由汉江上游洪水形成，同时堵河和丹江口区间来水亦是丹江口洪水的重要组成部分。

表 4.3-1　　　　　秋汛期丹江口入库（实测）洪量地区组成　　　　（单位：亿 m³）

河名	站名	1 天洪量		3 天洪量		7 天洪量		15 天洪量		30 天洪量	
		洪量	占入库/％	洪量	占入库/％	洪量	占入库/％	洪量	占入库/％	洪量	占入库/％
堵河	黄龙滩	3.8	29.3	8.0	27.0	12.7	21.7	19.0	20.1	25.1	18.9
汉江	白河	7.5	58.2	16.2	55.0	36.5	62.3	57.2	60.6	86.1	64.8
丹江口区间		1.6	12.5	5.3	18.0	9.4	16.0	18.2	19.3	21.7	16.3
汉江	丹江口入库	12.9	100	29.5	100	58.5	100	94.4	100	132.9	100

4.3.2　皇庄站洪水组成

丹江口—皇庄为汉江流域中游，河长 270km，丹皇区间集水面积 46800km²。主要支流左岸有唐白河，右岸有南河和蛮河。本节针对 2023 年秋季洪水中丹皇区间洪水组成进行分析，并对比历次秋季洪水。2023 年秋季洪水皇庄洪量组成中，丹江口下泄洪水洪量占比 56.6％，丹皇区间来水占比 43.4％。从洪水组成分析看，2023 年秋汛期皇庄站来水丹江口下泄洪量居于首位，占皇庄站洪水组成的 56.6％左右，小于相应面积比；丹皇区间来水占比较大，占皇庄站的 43.4％左右，大于相应面积比。在丹皇区间来水组成中，南北河、唐白河有控制站支流来水占皇庄站比例分别为 9.1％、10.4％，无控制区间来水占皇庄站的 24％左右。本次秋汛期皇庄站洪水组成中，丹皇区间来水占比很高，居于汉江历次秋汛首位。汉江历次秋季洪水皇庄站洪水组成如表 4.3-2 所示。

表 4.3-2 汉江典型秋季洪水皇庄站洪水组成

典型洪水	河名	站名	洪量/亿 m³	占皇庄水量百分比/%	典型洪水	河名	站名	洪量/亿 m³	占皇庄水量百分比/%
"83·10"洪水	干流	黄家港	118.8	77.6	"03·09"洪水	干流	黄家港	143	79.5
	南河	开峰峪（谷城）	3.9	2.5		南河	开峰峪（谷城）	4.2	2.3
	白河	新店铺	9.3	6.1		白河	新店铺	8.1	4.5
	唐河	郭滩	4.5	2.9		唐河	郭滩	9.9	5.5
	无控区间		16.5	10.8		无控区间		14.7	8.2
	干流	皇庄	153	100		干流	皇庄	179.9	100
"05·10"洪水	干流	黄家港	62	76.6	20210902	干流	黄家港	126.5	75.3
	南河	开峰峪（谷城）	0.73	0.9		南河	开峰峪（谷城）	7.1	4.2
	白河	新店铺	4.6	5.7		白河	新店铺	9.2	5.5
	唐河	郭滩	1.95	2.4		唐河	郭滩	5.7	3.4
	无控区间		11.69	14.4		无控区间		19.6	11.7
	干流	皇庄	80.97	100		干流	皇庄	168.1	100
20210930	干流	黄家港	128.83	83.7	20231004	干流	黄家港	56	56.6
	南河	开峰峪（谷城）	2.23	1.4		南河	开峰峪（谷城）	9.01	9.1
	白河	新店铺	14.14	9.2		白河	新店铺	5.05	5.1
	唐河	郭滩	2.42	1.6		唐河	郭滩	5.21	5.2
	无控区间		6.32	4.1		无控区间		23.72	24.0
	干流	皇庄	153.94	100		干流	皇庄	98.99	100

4.4　中下游主要控制站水位流量关系

汉江中下游地区是汉江防洪的重点，也是长江中下游防洪重点区之一。汉江中下游河道冲淤频繁，为典型的游荡型河道，洪水涨落、回水顶托等一系列水力因素的影响使各控制站水位流量关系十分复杂。本节通过收集黄家港、余家湖、皇庄、仙桃及潜江等水文站的水位流量关系资料，结合洪水特征及顶托、河道冲淤等影响分析典型断面高、中、低水水位流量关系的变化情况，据此分析河道泄流能力。

4.4.1　黄家港水文站

黄家港水文站位于丹江口坝下 6.19km，集水面积 95217km²，于 1953 年 8 月由长江委设立，1965 年 1 月起基本水尺断面上迁 950m 观测至今。黄家港水文站来水完全受水库调节、电站运行制约，上游 2km 有羊皮滩，长约 4km，高水时河面宽阔，上游 200m 有汉江公路大桥。测验河段顺直，右岸为岩石山坡，左岸为沙砾石滩地，河床由沙砾石组成。本站来水完全受水库调节、电站运行制约，上游 2km 有羊皮滩，长约 4km，高水时河面宽阔，上游 200m 有汉江公路大桥，低水时影响基本水尺断面附近流向和流速分布。因此低水位流量测验断面设在基本水尺断面以下 900m，即原黄家港站的测流断面。

丹江口建库后黄家港水文站水位流量关系总的变化趋势是低水水位流量增大。下游王甫洲水利枢纽（1998 年建成，位于测站下游 30km），对该站低水水位有顶托影响，王甫洲水利枢纽日调节回水对水位顶托影响 0.3～0.8m。点绘 1983 年、2003 年、2005 年、2011 年、2017 年、2021 年及 2023 年水位流量（实测）关系线，如图 4.4-1 所示。

由黄家港水文站水位流量关系可以看出，2010 年以后典型洪水水位流量关系轴线有一定的摆动。水位流量关系轴线左偏最严重为 2017 年，2017 年水位流量关系线位于历年关系线的上包线，1983 年水位流量关系线位于历年关系线的下包线。从总体上来看，2023 年水位流量关系轴线居中：低水位 90m 以下 2023 年与 1983 年水位流量关系基本重合，同水位下较 2017 年偏大

1000m³/s 左右；中水 90～93m 同水位下流量较 1983 年偏小 500m³/s 左右，较 2017 年偏大 1500m³/s 左右；高水 93m 以上较同水位下流量较 1983 年偏小 1000m³/s 左右，较 2017 年偏大 2000m³/s 左右。

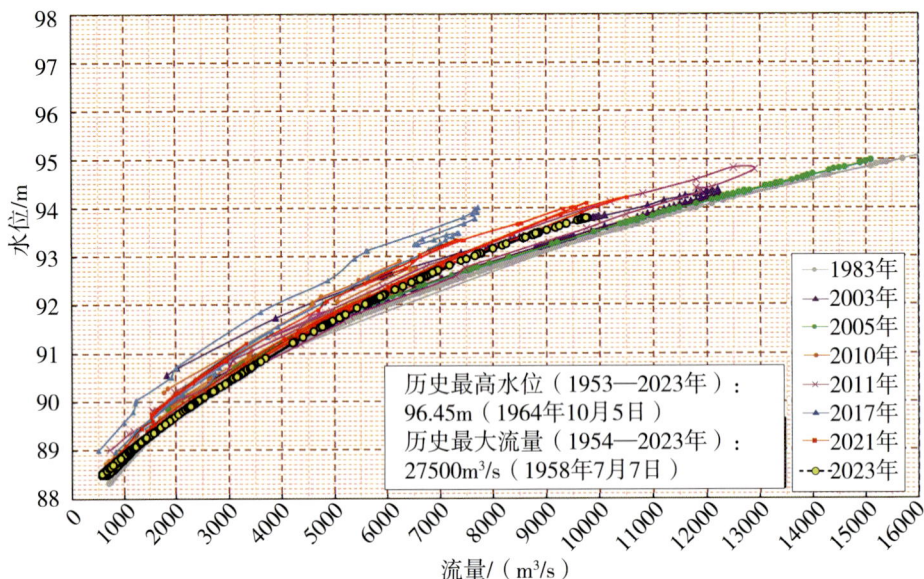

图 4.4-1　黄家港水文站水位流量关系线

4.4.2　余家湖水文站

余家湖水文站前身为 1983 年设立的钱家营水位站，1985 年由钱家营水位站下迁 1.36km 而成，采用吴淞基面，观测水位至今；2010 年起襄阳水文站在余家湖断面施测流量并进行水情报汛。余家湖上游 1.145km 为崔家营航电枢纽，该枢纽正常蓄水位 62.73m，相应水库面积为 63.7km²（不含唐白河部分），水库长度约 40km，平均水面宽为 1500m 左右，河道两岸筑有堤防，为一狭长河道型水库，库区主要支流有唐白河，回水淹没影响范围主要涉及襄阳地区。点绘 2010 年、2011 年、2017 年、2021 年及 2023 年余家湖水位流量（实测）关系线，如图 4.4-2 所示。

由余家湖水文站水位流量关系可以看出，余家湖水文站历年水位流量关系受洪水涨落影响，均呈逆时针绳套曲线，且绳套较为窄小，摆动不大。2010 年崔家营枢纽运行后，坝下余家湖站中低水水位流量关系整体逐年偏右，2023 年水位流量关系线位于历年关系线的下包线。当低水位 59m 以下时，同水位下 2023 年流量较 2010 年最大偏多约 1000m³/s；当中水位 59～62m 时，同水位下 2023 年流量较 2010 年、2017 年偏多 1000～1500m³/s；当高水位 62m 以上时，除 2017 年外，其余典型洪水水位流量关系趋于靠近。2017 年秋汛汉江上游来水频繁，底水偏高，流量 13000m³/s 左右时，2017 年水位较 2023 年偏高 0.5m 左右。

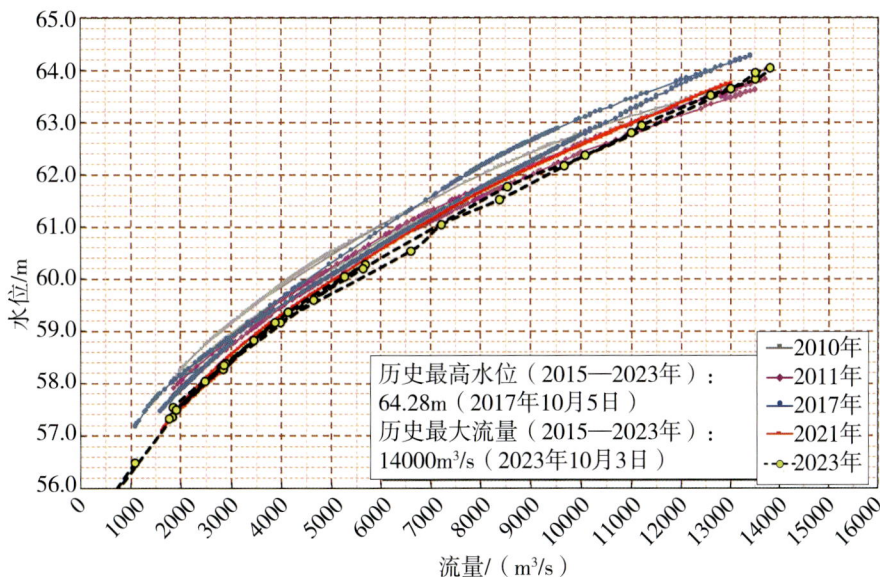

图 4.4-2 余家湖水文站水位流量关系线

4.4.3 皇庄水文站

皇庄水文站始建于 1932 年，位于湖北省荆门市钟祥市，为监测汉江下游水情的基本站。测验河段顺直，长约 5km。测验断面呈复式河床，主要由细沙组成，冲淤变化大，主泓偏左。低水位时主槽宽约 400m，中高水时主槽宽约 600m，断面上下游 3km 各有一大弯道，上游约 50m 处右岸有丁坝。该站水位流量关系主要受洪水涨落和断面冲淤综合影响，高水左冲右淤，汛期前后冲淤变化幅度可达 1m 以上，但中高水的影响常被流速变化所补偿。根据皇庄站典型年实测水位流量资料，点绘皇庄站 1983 年、2003 年、2005 年、2011 年、2017 年、2021 年及 2023 年等水位流量关系，如图 4.4-3 所示。

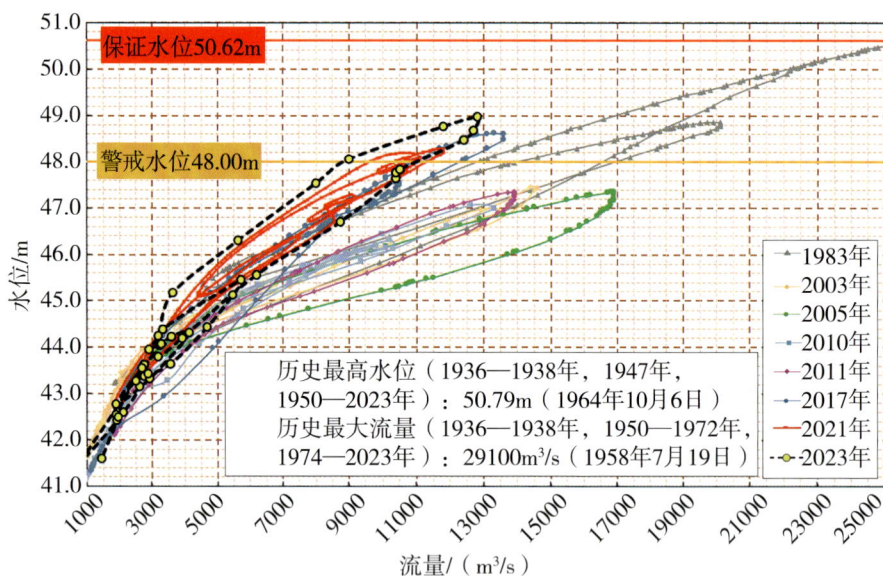

图 4.4-3　皇庄水文站水位流量关系

由图 4.4-3 可以看出，皇庄水文站历年水位流量关系受洪水涨落影响，均呈逆时针绳套曲线，绳套在中轴线上下摆动，轴线位置变幅较大：2017年、2021 年、2023 年总体偏左，1983 年基本居中，2003 年、2005 年、2010年、2011 年则总体偏右。当低水 44m 以下时，由于各因素影响较小能相互补偿，同水位下流量变化不大，2003 年水位流量关系中轴线位于历年上包线，2011 年位于下包线；低水同水位下，2023 年流量较 2003 年偏大 500m³/s，较 2011 年偏小 200m³/s。当中高水 44～48m 时，1983 年水位流量关系中轴线位于历年中间位置；2003 年同水位下流量较 1983 年偏大 1000～4000m³/s，2005 年同水位下流量较 1983 年偏大 2000～5000m³/s，2010 年同水位下流量较 1983 年偏大 1000～4000m³/s，2011 年同水位下流量较 1983 年偏大 500～2000m³/s；2017 年同水位下流量较 1983 年偏小 1500～5000m³/s，2021 年同水位下流量较 1983 年偏小 1000～6000m³/s，2023 年同水位下流量较 1983年偏小 1000～7000m³/s。

4.4.4　仙桃水文站

仙桃水文站是汉江下游控制站，该站于 1932 年由国民政府江汉工程局设立进行水位观测，1947 年 12 月观测中断，1951 年由长江委恢复观测水位，1954 年 7 月改为水文站，进行流量、含沙量测验。1955 年 1 月基本水尺上移 1300m，改名为小石村水文站，1968 年 1 月至 1971 年 3 月长江流域规划办公室（现长江委）停测流量、含沙量，1971 年 4 月小石村水位站重新恢复为水文站，1972 年 1 月基本水尺下迁 1400m，测站更名为仙桃（二）水文站，1980 年增测推移质输沙率。1982 年 7 月测站架设水文缆道进行水文测验。长江顶托回水可达仙桃，基本水尺断面附近河段顺直，上下游均有弯道，上游 75km 右岸有东荆河分流，下游 6km 右岸有杜家台分洪闸，断面两岸均为砌石护岸，河床由沙质和板土组成，主流偏右岸。根据仙桃水文站典型年实测水位流量资料，点绘仙桃水文站 1983 年、2003 年、2005 年、2011年、2017 年、2021 年和 2023 年水位流量关系，如图 4.4-4 所示。

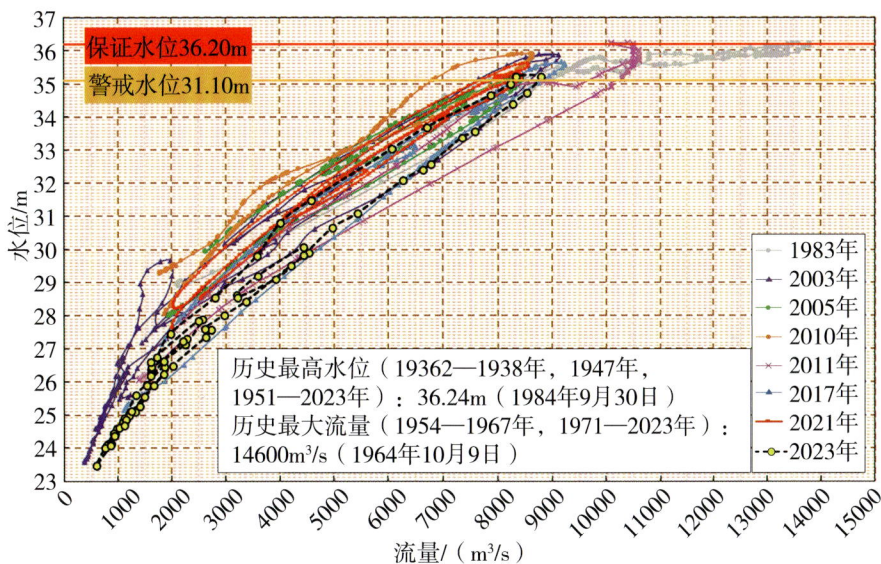

图 4.4-4　仙桃水文站水位流量关系

由图 4.4-4 可以看出，2023 年仙桃水文站洪水过程水位流量关系线呈较复杂的逆时针绳套曲线，水位在 35m 以下时，1983 年、2003 年、2005 年、2021 年洪水水位流量关系中轴线变化不大，2011 年、2017 年、2023 年洪水水位流量关系中轴线稍有右偏，2010 年水位流量关系中轴线稍有左偏。2005 年水位流量关系涨水段水位在 30～35m 时，同水位下流量较 1983 年洪水偏小 200～1000m³/s。2011 年 9 月洪水过程水位流量关系轴线与 2005 年 10 月洪水相比略有右偏，28～34m 涨水段同水位下流量比 2005 年偏大 500～

1500m³/s，35m 以上涨水段比 2005 年流量偏大大约 2000m³/s。2017 年洪水过程流量关系轴线 31m 以下与 2011 年 9 月洪水无明显偏移，涨水段水位 32～35m 与 2011 洪水相比流量偏小 600～1200m³/s，落水段与 2011 年 9 月洪水相比变化不大，33m 以下基本一致。2021 年洪水过程水位流量关系线轴线与 2005 年和 1983 年接近，较 2011 年、2017 年左偏，涨水段与 2011 年、2017 年落水段关系线接近；当涨水段水位 31～35m 时，流量较 1983 年偏小 500～800m³/s，较 2005 年偏小 500m³/s，较 2011 偏小 1200～2000m³/s，较 2017 年偏小 500～1200m³/s。2023 年洪水过程水位流量关系线轴线与 2017 年接近，较 2021 年偏右，过流能力有所增强；28～34m 涨水段同水位下流量比 2021 年偏大 500～1500m³/s，落水段与 2021 年洪水相比偏大大约 500m³/s。

4.5　洪水还原与定性

4.5.1　洪水还原

采用洪水河道演算法与水量平衡法，整理形成各断面还原场次洪水资料，为流域洪水定性分析、水工程调度效益提供输入数据。

（1）丹江口入库洪水还原

根据报汛资料统计，本次秋汛过程丹江口水库实况最大入库洪峰流量 16400m³/s，实测最大 7 天、15 天、30 天洪量分别为 58.5 亿 m³、94.5 亿 m³、132.9 亿 m³。搜集汉江上中游石泉、安康、潘口、黄龙滩等重要水库场次洪水调度资料，统计分析各水库拦洪调度影响（2 次过程，汉江流域控制性水库群拦蓄统计如表 4.5-1 所示）。若考虑上游石泉、安康、潘口、黄龙滩水库拦蓄影响，还原后丹江口最大入库洪峰 18000m³/s，最大 7 天洪量约 57.7 亿 m³。与设计成果对比可知，丹江口最大 7 天洪量接近秋季 5 年一遇。结果如表 4.5-3 所示。

表 4.5-1   汉江流域 2 次编号洪水水库群拦蓄统计

洪水	水库	起涨水位 /m	峰时水位 /m	拦洪量 （亿 m³）	入库流量 / （m³/s）	出库流量 / （m³/s）	削峰率 /%
1 号洪水	石泉水库	402.06	404.87	0.42	—	—	—
	安康水库	324.05	327.18	2.22	10000	5390	46
	潘口水库	354.15	354.92	0.43	4670	4000	14
	丹江口水库	167.13	167.95	8.03	16400	10200	38
	三里坪水库	409.89	414.55	0.49	951	475	50
	鸭河口水库	176.53	176.90	0.31	160	78	51
	合计	—	—	11.90			
2 号洪水	丹江口水库	167.73	168.24	5.05	14300	6900	52
	潘口水库	353.20	353.95	0.41	2090	1580	24
	三里坪水库	413.95	415.65	0.18			
	合计			5.64			

（2）汉江中下游洪水过程还原

采用河道洪水演进方法，将上一级坝址来水过程（建库前为水文站实测过程，建库后为水库出库过程）演算至下一级坝址，结合下一级坝址来水过程（建库前为水文站实测过程，建库后为水库入库过程）得到两坝址间区间来水过程。得到区间来水过程后，将上一级坝址还原来水过程演进计算至下一级坝址，叠加计算好的相应区间来水过程，得到下一级坝址来水过程，以此类推，可得到下游各断面的还原来水过程。皇庄、仙桃站还原特征值如表 4.5-2 和 4.5-3 所示，还原水位/流量过程如图 4.5-1 至图 4.5-3 所示。

表 4.5-2   汉江流域 2 次编号洪水主要控制站实况及还原特征值

站点	实况最大（入库）流量/（m³/s）	还原最大（入库）流量/（m³/s）	实况最高水位/m	还原最高水位/m
丹江口水库	16400	18000	—	—
皇庄	13000	20000	49.02	50.2
沙洋	—	—	42.36	43.1
仙桃	8790	13500	35.25	36.7
潜江	2730	4700	39.70	40.7
汉川	—	—	29.39	30.9

表 4.5-3　　　　　　　　　2023 年秋季洪水重现期分析　　　　　（单位：亿 m³）

站点	最大洪峰 /(m³/s)	时间	秋季洪峰设计值		最大 7 天洪量 /亿 m³	时段	秋季 7 天洪量设计值	
			5 年一遇	10 年一遇			秋季 5 年一遇	秋季 10 年一遇
丹江口入库	18000	9 月 30 日	20900	26800	57.7	9 月 26 日 14 时至 10 月 3 日 14 时	59.0	75.8
皇庄站	20000	10 月 4 日	20300	26400	72.6	9 月 29 日 20 时至 10 月 6 日 20 时	69.6	87.8
丹皇区间	7000	10 月 4 日	—	—	18.1	10 月 2 日 14 时至 10 月 9 日 14 时	16.6	23.0

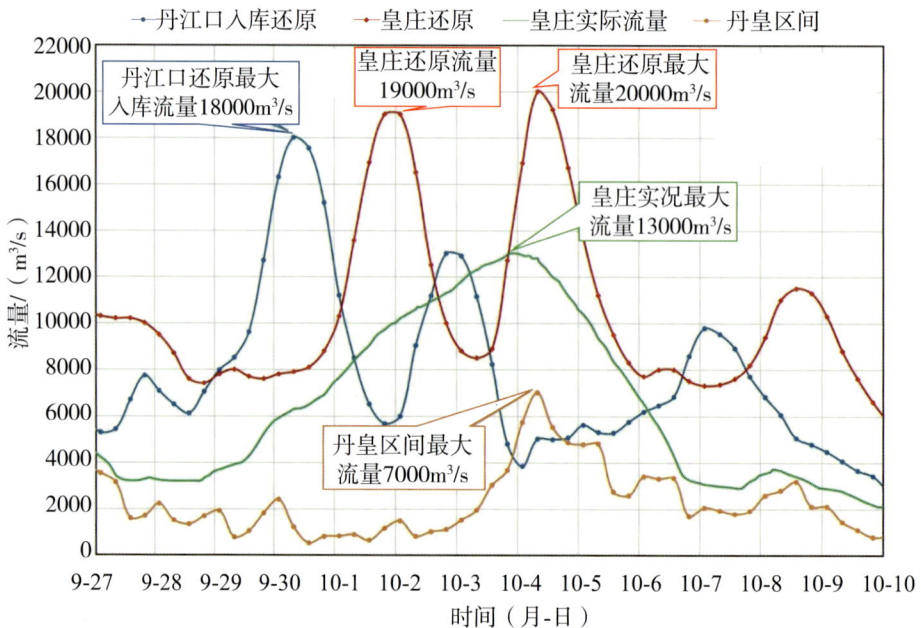

图 4.5-1　皇庄站还原流量过程（考虑上游水库群不拦蓄）

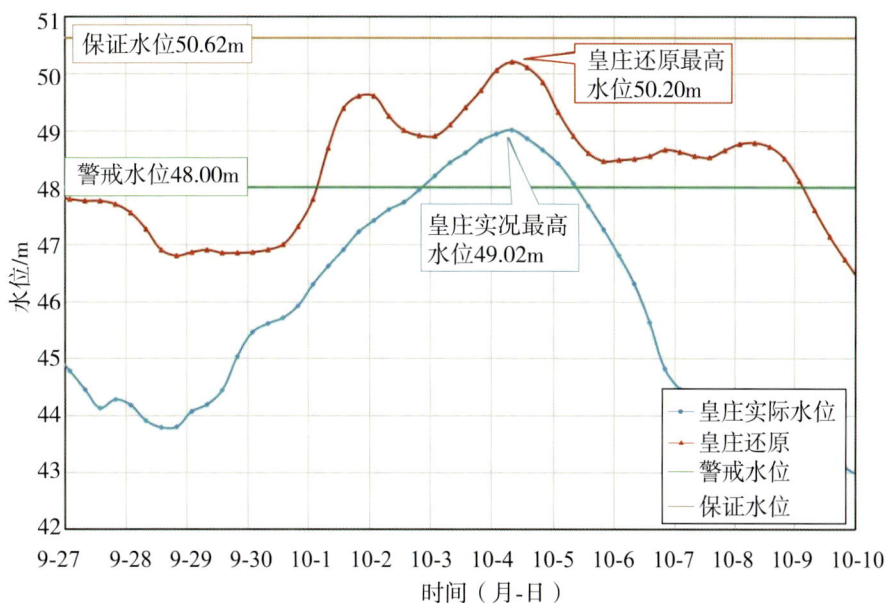

图 4.5-2　皇庄站还原水位过程

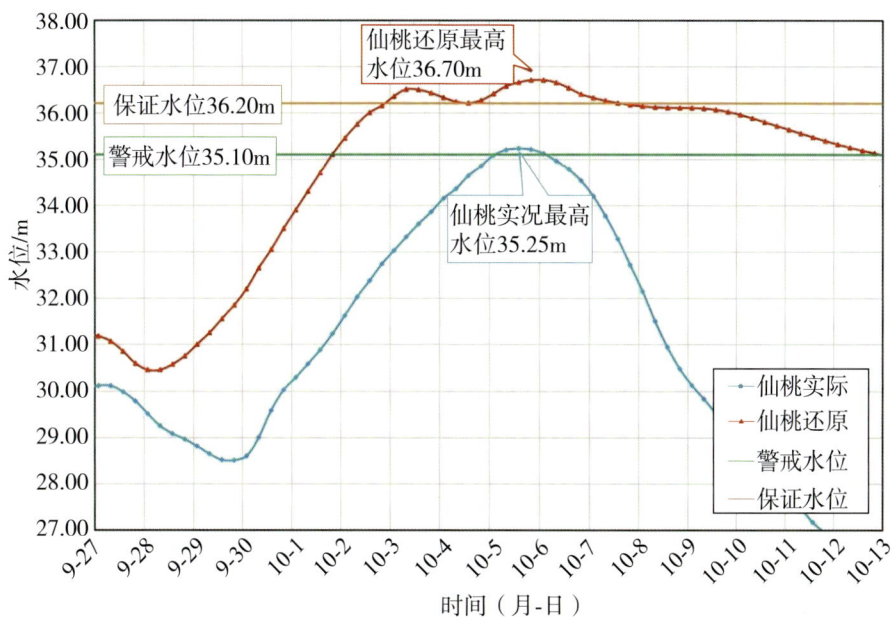

图 4.5-3　仙桃站还原水位过程

从还原分析成果可以看出，本次秋汛洪水过程，皇庄站实况洪峰流量为 13000m³/s，最大 7 天洪量为 56.0 亿 m³。考虑上游水库拦蓄，经还原，皇庄站最大洪峰流量为 20000m³/s，最大 7 天为 72.6 亿 m³。经分割计算，丹皇区间最大洪峰流量 7000m³/s，最大 7 天洪量 18.1 亿 m³。皇庄站洪峰流量接近秋季 5 年一遇，最大 7 天洪量超过 5 年一遇；丹皇区间最大 7 天洪量超过 5 年一遇，接近 10 年一遇。还原后汉江中下游仙桃—汉川河段将超保，沿线水位最大超保幅度 0.5m，最大超警幅度 1.3～2.2m，其中，中游河段超警天数最长达 9 天，下游河段超警天数最长达 13 天，超保天数最长达 6 天。2023 年汉江中下游干流主要控制站超警戒及超保证历时统计如表 4.5-4 所示。

（3）水库群防洪效益分析

根据还原计算分析成果，2023 年秋季，汉江流域 2 次编号洪水过程中，流域水库群充分发挥拦洪、削峰、错峰作用，降低了汉江中下游主要控制站水位。在"汉江 2023 第 1 号洪水"过程中，水库群累计拦洪约 11.9 亿 m³，其中丹江口水库约占 67%，安康、丹江口水库削峰率分别为 46%、38%。在"汉江 2023 年第 2 号洪水"过程中，丹皇区间洪峰流量约 7000m³/s，丹江口水库 10 月 2 日关闭 3 孔，将水库入库洪峰 14300m³/s 削减至 6900m³/s 下泄，削峰率最大达 52%，拦蓄洪量总计 5.05 亿 m³，为中下游区间洪水削峰、错峰，有效避免了丹江口入库洪峰与丹皇区间洪峰遭遇，将皇庄站洪峰流量从 20000m³/s 降低至 13000m³/s。同时，有效降低汉江中下游主要控制站洪峰水位，最大降幅 0.7～1.5m，避免仙桃—汉川河段超保证水位（还原后超保时间 6 天左右）及杜家台分蓄洪区的启用，缩短主要控制站水位超警戒时间 5～11 天。

2023 年汉江秋汛过程丹江口水库实况最大入库洪峰流量 16400m³/s，实测最大 7 天、15 天、30 天洪量分别为 58.5 亿 m³、94.5 亿 m³、132.9 亿 m³。若考虑上游石泉、安康、潘口、黄龙滩水库拦蓄影响，还原后丹江口最大入库洪峰 18000m³/s，最大 7 天洪量约 57.7 亿 m³。

4.5.2　洪水定性

本次秋汛洪水过程，皇庄站洪峰流量为 13000m³/s，最大 7 天洪量为 56.0 亿 m³。考虑上游水库拦蓄，经还原，皇庄站最大洪峰为 20000m³/s，最大 7 天洪量为 72.6 亿 m³。经分割计算，丹皇区间最大洪峰流量 7000m³/s，最大 7 天洪量 18.1 亿 m³。

表 4.5-4

2023 年汉江中下游干流主要控制站超警戒及超保证历时统计

站名	实况过程							还原过程						
	超警戒水位			超保证水位				超警戒水位			超保证水位		
	开始时间	结束时间	天数	开始时间	结束时间	天数		开始时间	结束时间	天数	开始时间	结束时间	天数
皇庄	10月2日	10月5日	4					10月1日	10月9日	9			
沙洋	10月4日	10月5日	2										
仙桃	10月5日	10月6日	2					10月1日	10月13日	13	10月3日	10月8日	6
汉川	10月5日	10月6日	2										

与设计成果对比可知，丹江口最大 7 天洪量接近秋季 5 年一遇；皇庄站洪峰流量接近秋季 5 年一遇，最大 7 天洪量超过 5 年一遇；丹皇区间最大 7d 洪量超过 5 年一遇，接近 10 年一遇。从综合来看，2023 年汉江发生 5～10 年一遇秋季洪水。

4.6 洪水特点

2023 年汉江秋季洪水总体呈现洪水过程集中，2 次编号洪水间隔仅 74 小时；上游洪水与区间来水遭遇，造成中下游水位全线超警；汉江上游干支流水库联合调度实现防洪与蓄水的双重效益。

（1）洪水过程集中，接连发生 2 次编号洪水

9 月下旬至 10 月上旬，丹江口入库连续发生 2 次明显洪水过程，最大入库流量分别为 16400m³/s（9 月 30 日 4 时）、14300m³/s（10 月 2 日 17 时），其中 9 月 29 日 20 时丹江口水库入库流量涨至 15100m³/s，汉江上游形成"汉江 2023 年第 1 号洪水"；9 月下旬汉江中下游水位持续上涨，中游皇庄站水位于 10 月 2 日 22 时涨至 48.02m，超过警戒水位 0.02m，汉江中游形成"汉江 2023 年第 2 号洪水"。两次编号洪水间隔仅 74 小时。

（2）丹皇区间来水大，上中游洪水遭遇，中下游水位全线超警

受强降雨影响，9 月下旬至 10 月上旬，丹皇区间发生 2 次明显涨水过程，最大流量分别为 4500m³/s（9 月 25 日）、7000m³/s（10 月 4 日），其中，第 2 次区间涨水过程与汉江上游来水明显遭遇，经丹江口水库错峰后，皇庄站最高水位涨至 49.02m（超警戒 1.02m，相应流量 12800m³/s），中下游宜城以下江段主要控制站全线超警，超警幅度在 1m 以内。

（3）丹江口水库再次实现 170m 满蓄目标，防洪与兴利效益显著

2023 年秋汛期间，通过联合调度安康、潘口、黄龙滩、丹江口等干支流控制性水库拦洪、削峰、错峰，水库群累计拦洪 17.5 亿 m³，有效降低了汉江中下游主要控制站水位 0.7～1.5m，缩短了超警天数 5～11 天，避免了仙桃—汉川河段超保证水位及杜家台蓄滞洪区分洪道运用，大大减轻了汉江中下游的防洪压力。10 月 12 日 19 时，丹江口水库水位蓄至 170m 正常蓄水

位，是丹江口水库大坝加高后继 2021 年以来第 2 次蓄满，汉江秋汛防御与汛后蓄水取得双胜利，为确保南水北调中线工程和汉江中下游供水安全奠定了坚实基础。

4.7　与历史典型秋季洪水比较

本章对丹江口水库建成后的 1983 年、2021 年与 2023 年汉江秋季洪水过程进行对比，着重从洪水洪峰、洪量特征值及水库调蓄作用等方面进行分析，有利于深入了解汉江洪水特性。

（1）洪峰特征对比分析

将"83·10""21·9""23·10"汉江流域主要控制站典型秋季洪水的洪峰水位、洪峰流量特征值作对比分析，结果如表 4.7-1 所示。从表 4.7-1 中可以看出，受汉江上游石泉、安康水库的拦洪作用，"21·9"和"23·10"石泉站、安康站洪峰水位和流量均较"83·10"有明显减小。"83·10"洪水中，丹江口水库入库洪峰流量大于"21·9"和"23·10"洪水入库洪峰流量；"23·10"洪水中，丹江口水库最高库水位高于"21·9""83·10"洪水。

"23·10"洪水中，汉江中下游各站全线超警，皇庄站最高水位 49.02m，低于"83·10"洪水中皇庄站最高水位 1.6m，高于"21·9"洪水中皇庄站最高水位 0.73m；"23·10"洪水中，清河店水文站最高水位达 69.45m，超历史最高水位。

表 4.7-1　　　　　汉江流域主要控制站典型秋汛洪峰特征值对比

站名	项目	"83·10"	"21·9"	"23·10"
石泉	洪峰水位/m	368.20	373.83	364.50
	洪峰流量/（m³/s）	6830	13100	2630
安康	洪峰水位/m	250.13	248.21	240.78
	洪峰流量/（m³/s）	15700	15900	5330
白河	洪峰水位/m	191.33	190.10	182.68
	洪峰流量/（m³/s）	20700	21400	9610

续表

站名	项目	"83·10"	"21·9"	"23·10"
丹江口水库	最大入库流量/（m³/s）	34300	24900	16400
	最高库水位/m	160.07	167.00	170.00
	最大出库流量/（m³/s）	2000	11100	10200
皇庄	洪峰水位/m	50.62	48.29	49.02
	洪峰流量/（m³/s）	26100	11800	13000
沙洋	洪峰水位/m	44.50	42.21	42.36
	洪峰流量/（m³/s）	21600	—	—
潜江	洪峰水位/m	42.09	39.80	39.70
	洪峰流量/（m³/s）	4910	2350	2730
仙桃	洪峰水位/m	36.20	35.63	35.25
	洪峰流量/（m³/s）	13800	8560	8790
汉川	洪峰水位/m	31.12	30.57	29.39
汉口	仙桃洪峰时刻同时水位/m	24.99	24.52	20.82

注：石泉、安康、白河表示石泉水文站、安康水文站、白河水文站。

（2）丹江口水库入库洪量特征比较

1983 年 10 月，丹江口水库最大入库流量达 34300m³/s，相当于 20 年一遇，最大 7 天、15 天、30 天洪量分别为 95.2 亿 m³、131.3 亿 m³、219.0 亿 m³。

2021 年秋季，丹江口水库相继发生 7 次入库流量超 10000m³/s 的较大洪水过程，其中 3 次入库洪峰超过 20000m³/s，最大洪峰流量 24900m³/s，最大 7 天、15 天、30 天洪量分别为 75.8 亿 m³、137.0 亿 m³、219.0 亿 m³，还原后最大 7 天、15 天、30 天洪量分别为 77.0 亿 m³、144.0 亿 m³、229.0 亿 m³。

2023 年 9 月下旬至 10 月上旬，汉江流域发生 2 次明显洪水过程，9 月 30 日 4 时，最大入库流量 16400m³/s，出库流量从 9 月 30 日 14 时的 9300m³/s 左右增加至 10100m³/s；受降雨影响，丹江口水库入库流量退至 4210m³/s 后再次起涨，10 月 2 日 17 时最大入库流量 14000m³/s。本次洪水实测最大 7 天、15 天、30 天洪量分别为 58.5 亿 m³、94.5 亿 m³、132.9 亿 m³，若考虑上游石泉、安康、潘口、黄龙滩水库拦蓄影响，还原后丹江口最大入库洪峰流量 18000m³/s，最大 7 天洪量约 57.7 亿 m³。丹江口水库秋季典型洪水入库水量统计如表 4.7-2 所示。

表 4.7-2　　　　　　　　丹江口水库秋季典型洪水入库水量统计

项目	"83·10"洪水	重现期	"21·9"洪水	重现期	"23·10"洪水	重现期
最大入库流量/（m³/s）	34300	20年一遇	30000	接近秋季20年一遇	18000	接近秋季5年一遇
最大7天入库水量/亿 m³	95.2	超秋季20年一遇	77.0	秋季10年一遇	57.7	接近秋季5年一遇
最大15天入库水量/亿 m³	131.3	接近秋季20年一遇	144.0	超秋季20年一遇	105.4	接近秋季10年一遇
最大30天入库水量/亿 m³	219.0		229.0	超全年20年一遇	149.5	不到全年5年一遇

（3）丹皇区间洪量特征比较

汉江秋季洪水丹皇区间洪水组成如表 4.7-3 所示。从洪水组成分析看，在"83·10""21·9"洪水中，皇庄站洪水丹江口水库下泄量占比在 77.6%～83.7%，"23·10"洪水中，皇庄站来水丹江口下泄洪量居于首位，占皇庄站洪水组成的 56.6%左右，小于相应面积比；丹皇区间来水占比较大，占皇庄站的 43.4%左右，大于相应面积比。

表 4.7-3　　　　　　　　汉江秋季洪水丹皇区间洪水组成

河名	站名	"83·10"洪水		"21·9"洪水		"23·10"洪水	
		洪量/m³	占皇庄水量/%	洪量/亿 m³	占皇庄水量/%	洪量/亿 m³	占皇庄水量/%
干流	黄家港	118.8	77.6	128.83	83.7	56.00	56.6
	区1	6.5	4.2	/		/	/
南河	开峰峪	3.9	2.5	2.23	1.4	9.01	9.1
白河	新店铺	9.3	6.1	14.14	9.2	5.05	5.1
唐河	郭滩	4.5	2.9	2.42	1.6	5.21	5.2
区2+区3+区4+区5		10.0	6.5	6.32	4.1	丹皇区间23.72	24.0
干流	皇庄	153.0	100.0	153.94	100	98.99	100

（4）丹江口水库调蓄作用比较

丹江口水库是汉江防洪的重要工程，自建成后在各次大洪水中发挥了巨大的调蓄作用和显著的防洪效益。

在"83·10"洪水中，10 月 7 日 14 时丹皇区间来水洪峰流量为 9000m³/s，6 日 2 时丹江口水库入库流量 33100m³/s，出库流量 14000m³/s，库水位突破 158m。为保证水库大坝安全，至 7 日 12 时水库加大下泄流量值 19600m³/s，丹皇区间来水洪峰与丹江口水库下泄洪峰发生遭遇，启用杜家台分洪工程和汉江中下游民垸小江湖、邓家湖分洪。

2021 年 8 月下旬至 10 月上旬，汉江上游水库群通过拦洪、错峰、削峰等系列调度措施，极大地削减了丹江口入库洪峰，一定程度减少了丹江口入库洪量。9 月 29 日最大入库洪峰 24900m³/s 过程时，丹江口水库控制最大出库流量为 11100m³/s，削峰率约 55%，过程拦蓄洪量约 22 亿 m³；秋汛期 7 次洪水过程平均削减丹江口入库洪峰流量 3300m³/s，累计拦蓄洪量近 100 亿 m³，削峰率达到 23%～71%，防御近 10 年来控制皇庄站最大流量未超 12000m³/s（实际 11600m³/s，9 月 30 日），成功避免了长江中下游主要控制站超保证水位和杜家台蓄滞洪区的启用。

2023 年秋季，汉江流域 2 次编号洪水过程中，流域水库群充分发挥拦洪、削峰、错峰作用，降低了汉江中下游主要控制站水位。在"汉江 2023 年第 1 号洪水"过程中，水库群累计拦洪约 11.9 亿 m³，其中丹江口水库约占 68%；在"汉江 2023 年第 2 号洪水"过程中，丹皇区间洪峰流量约 7000m³/s，丹江口水库 10 月 2 日关闭 3 孔，将水库入库洪峰 14300m³/s 削减至 6900m³/s 下泄，削峰率最大达 52%，拦蓄洪量总计 5.05 亿 m³，为中下游区间洪水削峰、错峰，有效避免了丹江口入库洪峰与丹皇区间洪峰遭遇，将皇庄站洪峰流量从 20000m³/s 降低至 13000m³/s，保障了汉江流域防洪安全。

第 5 章　水文预报预警

水文预报预警是防汛抗洪的"耳目"和"尖兵"。当前汉江流域基本建成了集卫星、雷达、气象站、水文报汛站、工程专用站等空天地于一体的流域全覆盖雨水情立体监测体系。基于强大的报汛站网覆盖，经过长期的实践探索，逐步形成短、中、长期相结合，水文气象相结合的洪水预报技术路线。通过水文气象耦合，短、中、长期嵌套，构建了以重要水库、防洪对象及干支流控制断面为节点，满足各类对象防洪目标及需求的汉江流域预报体系，基本实现了汉江流域主要干支流重要断面的洪水预报全覆盖，为 2023 年汉江秋汛防御提供了坚实的技术支撑。

5.1　水文气象站网与信息共享

5.1.1　水文气象站网

水文气象站网分布是否科学、密度是否得当、运行管理是否规范，直接影响到水文资料的可靠程度，以及能否满足经济发展和社会需求。汉江流域水文气象站网按以下原则进行规划：①按照汉江流域加快实施最严格水资源管理制度试点方案规划的重要水系节点控制断面、省界控制断面、重要水利工程控制断面和重要城市等水资源管理对象，规划建设水资源监测站网；②规划站网应能满足水量预报精度、时效、预见期、水资源管理等要求；③充分利用现有站网的原则，在此基础上，根据实际需求采取信息共享、更新升级及新建、迁移等方式补充完善。

汉江流域水文记录始于 1929 年，但仅限于干流中下游的少数水位站。

到 1935 年增设了安康、白河、郧县、襄阳等控制性水文站达 10 余处，观测水位、流量。这些测站除抗日战争及新中国成立前夕部分时期停测外，其余各年均有连续记载。新中国成立后，由于经济社会发展及流域内大量水利枢纽工程建设、运行的需要，汉江干、支流又增设了大量水文站、水位站和雨量站。现有的水文站网基本上能满足流域内工农业生产建设的需要，在水旱灾害防御、水利工程的规划设计、国民经济建设中发挥了重要的作用。

2023 年，长江委水文局开展了汉江流域站网报汛能力评估，收集并分析汉江集团、河南省、陕西省、湖北省所有监测站点信息，通过报汛频次及站网密度优化两方面全面提出雨量站、水文（水位）站及水库站站网优化方案。

在雨量站方面，汉江流域报汛能力评估及站网优化前，汉江流域报汛站点中雨量站 2361 个，不使用无观测数据或观测数据较差的雨量站 189 个，基于各相关省（直辖市）信息共享机制，汉江流域站网优化后雨量站点共 3154 个，预报方案使用站点 3112 个，纳入实况面雨量计算站点 359 个，纳入长系列面雨量计算站点 63 个。

在水库方面，2023 年，通过对汉江流域大、中型水库报汛进行现场查勘及座谈交流，长江委于 2023 年 6 月再次补充完善了汉江流域大、中型水库报汛站网。截至目前，经统计流域内报汛的水库站 232 个，包括重要水库安康、丹江口等。

在水文（水位）站方面，基于各相关省（直辖市）信息共享机制，以提升报汛频次质量、满足各预报分区站网密度为目标，从不考虑报汛站点、优化站点、新增共享站点 3 个方面对汉江流域水文（水位）站网进行优化。目前，汉江流域报汛站点中水文站 222 个、水位站 178 个，包括重要站点白河、黄家港、余家湖、皇庄、仙桃、汉川等。

此外，汉江流域内报汛的蒸发站 1 个、堰闸站 19 个、墒情站 13 个。

基于以上报汛站网优化方案成果，截至目前，汉江流域实现信息共享的报汛站点共 5361 个。具体报汛站点数量如图 5.1-1 所示，报汛站点分布如图 5.1-2 所示。

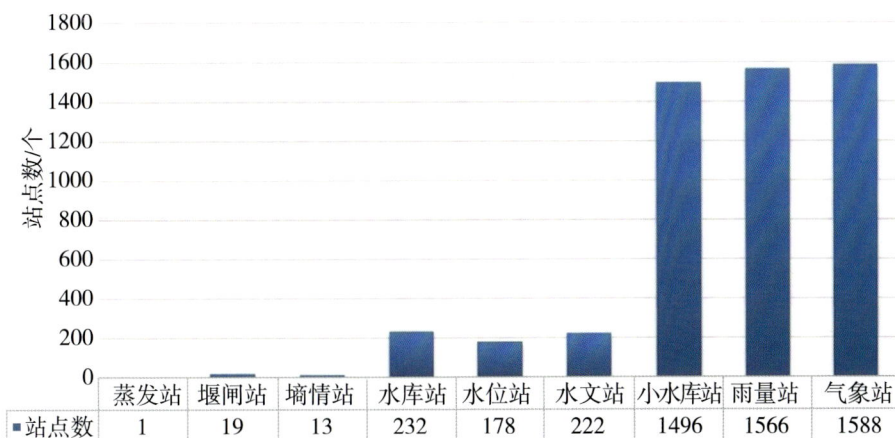

图 5.1-1　2023 年汉江流域报汛站统计

站点数	蒸发站	堰闸站	墒情站	水库站	水位站	水文站	小水库站	雨量站	气象站
站点数	1	19	13	232	178	222	1496	1566	1588

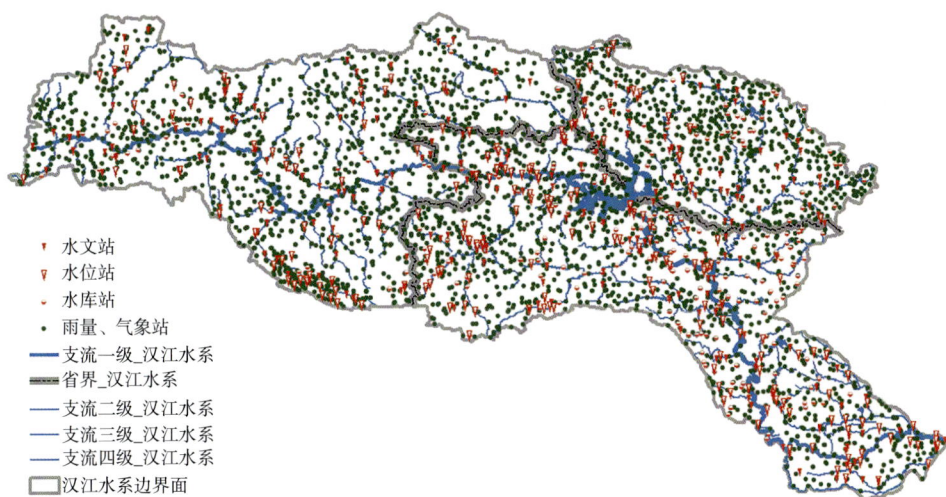

图 5.1-2　汉江流域报汛站点分布

5.1.2　信息报送与共享

2000 年以后，随着国家防汛抗旱指挥系统的建设，水情报汛技术发展得到质的飞跃，流域内各省相继实现报汛自动化，报汛时效性和频次大大提高。遇汛情紧张，测站根据需求调整报汛频次，可加密为 5～10 分钟。

2011 年，新的水情信息交换系统推广应用，进一步提升水情信息传输技术水平。该系统以库对库传输方式实现信息实时共享，大大提高了雨水情信息报送的可靠性与时效性。目前，汉江流域各站水情报汛已基本达到 20 分钟内到达长江委、30 分钟到达水利部的目标，为各级防汛指挥部门提供了有力的信息支持。

此外，信息来源也不断扩展。自 2012 年起水库群信息共享工作全面推进，并不断完善，通过信息整合和规范化处理，依托全国防汛水情网络，构建完成了以水库（梯级）调度中心为节点，与水利部、相关省（直辖市）水文及防汛部门进行信息交换的模式。

在信息传输方面，汉江流域各省（直辖市）水文部门、流域机构及发电企业间的水情信息传输采用基于数据库的水情信息实时交换模式。其中，长江委水文局局属水情分中心自建站点以及各省（直辖市）水文部门报汛站点，利用水利专网进行信息的实时传输；各水库部门的信息，依托长江流域水库群信息共享平台项目，建立专线，实现信息的共享；气象部门的信息主要源自湖北省气象局，通过同城 30M 地面光纤专线，实现气象与长江委水文部门汉江流域雨量观测数据共享。

2024 年，长江委水文局通过雨水情交换系统向汉江集团交换水位站信息 4.0 万余条，水文站信息 37.8 万余条，水库站信息 7.4 万余条，雨量站信息 34.5 万余条，合计 83.7 万余条。基于"汉江报汛能力评估与站网优化论证"研究成果，增加了旬阳、蜀河水电站等站点的信息共享服务，共享信息约 2690 条，其中旬阳站 1278 条，蜀河站 1412 条。

总体而言，近几年，汉江流域各部门报送国家防汛部门的信息量持续增长，长江委与地方水文部门、发电企业间的雨水情信息发送 30 分钟到报时效合格率在 90％以上、错报率小于 0.01％。

5.2　水文气象预报技术体系

经过多年的预报实践，坚持短中长期相结合、水文气象相结合的思路，构建了以干支流主要控制站、主要水库、重点防洪保护对象为节点的汉江流域水文气象预报体系，基本实现了汉江流域主要干支流重要断面的水文预报全覆盖。

5.2.1　降水预报

汉江流域降水预报采用短中长期不同时间尺度相结合的预报方法，长期预报为未来一个月至一年内的降水趋势预测，预报对象为汉江上游，短中期降水预报为每日滚动制作未来一周内的汉江流域各分区的降水预报，预报对象为汉江上游 3 个分区（汉江石泉以上、石泉—白河、白河—丹江口）、汉江中游（丹江口—皇庄）及汉江下游（皇庄以下）。

（1）短期降水预报

汉江流域短期降水预报方法主要有天气学预报法、数值天气预报法、遥感预报法。

1）天气学预报法

天气学预报法是一种以天气图、卫星云图为主要手段，并应用天气学知识的半理论半经验预报方法。这种方法取决于预报员的主观经验，不同的预报员做出的降水量的预报可能有差异。

2）数值天气预报法

数值天气预报法是通过数值方法在一定的初始场和边界条件下，近似求解支配大气运动的流体动力学和热力学方程组来预报未来的大气环流形势和天气要素的预报方法。

3）遥感预报法

遥感预报法主要是将先进的遥感技术应用于监测和预报当中进行预报的方法，最典型的是数字化雷达和气象卫星。多普勒雷达具有定量测量回波强度的功能，根据回波的强度与降水的关系可以定量估测降水；卫星云图根据云的亮度、种类、面积与降水之间的关系间接估测降水；卫星和雷达主要用于降水的短时估测。

目前，数值天气预报已经成为国内外天气预报业务发展的主流方向，国外的数值天气业务预报经验显示，数值预报是实现天气预报定时、定点、定量的最根本有效的科学途径，也是提高气象气候预测水平最具潜力的方法。但是目前的数值预报能力不能完全解决天气预报与业务中的各种需求，因此，天气预报业务中在强调以数值预报为基础的同时，也提出要综合应用多种资料和多种技术方法的预报技术路线。另外，集合预报是解决单一性预报不确定性问题的途径，但由于集合预报技术水平的局限性，使集合预报的产品还没有有效地应用于业务预报中。国外先进的业务中心已经把集合预报作为灾害天气预报和提高中期时效预报水平的主要手段之一。应用集合预报发展灾害性天气的概率预报将是今后灾害性天气预报的发展方向。

在目前的汉江流域短期降水预报中，在对不同尺度天气影响系统发展演变过程深入认识的基础上，天气学的预报方法是降水预报业务中的重要技术方法，特别是在重大灾害性降水预报中发挥着重要作用，尤其是在短预报时效内，对于各等级的降水预报中，预报员的预报效果明显优于数值预报。而对于 24 小时之后的降水预报，数值预报发挥着重要的基础性作用，数值预报产品的解释技术、集合预报技术应用越来越受到重视。

暴雨是致洪的关键因素，为了更好地对汉江流域的暴雨进行预报，在汉江预报能力提升项目中选取历史汉江流域性、汉江上游型、中游型及下游型暴雨天气过程，对其进行分析归纳总结，提出了汉江不同区域型暴雨的天气学概念模型。汉江流域性暴雨天气配置主要为槽前切变低涡型（图 5.2-1）、低空切变急流型、槽及两高辐合型、高空深槽型。汉江上游型暴雨天气配置主要为低空切变急流型、两高辐合型。汉江中游型暴雨天气配置主要为低空切变急流型、两高辐合型。汉江下游型暴雨天气配置主要为槽后切变型、偏南气流型、槽前切变型。对每种暴雨类型的天气图分析出温压风湿的特征，提出了不同暴雨天气配置图下发生暴雨的天气学指标，利于提高汉江流域暴雨预报水平。

（2）中期降水预报

从现有能获取用于制作中期降水预报的资料情况及多年的预报经验来看，高空、地面的大气监测资料、实时卫星云图、雷达等遥感信息主要用来制作 48 小时以内降水预报的分析依据或参考，而 48 小时之后的预报准确率大大降低。

数值预报根据描述大气运动规律的流体力学和热力学原理，通过数学方法求解，计算出来某个时间大气的状态。经过半个世纪的发展，数值天气预报水平和能力进步很大，短、中期的天气形势预报准确率显著提高，已经成为解决天气预报问题的最主要的科学途径。因此，汉江流域中期降水预报由

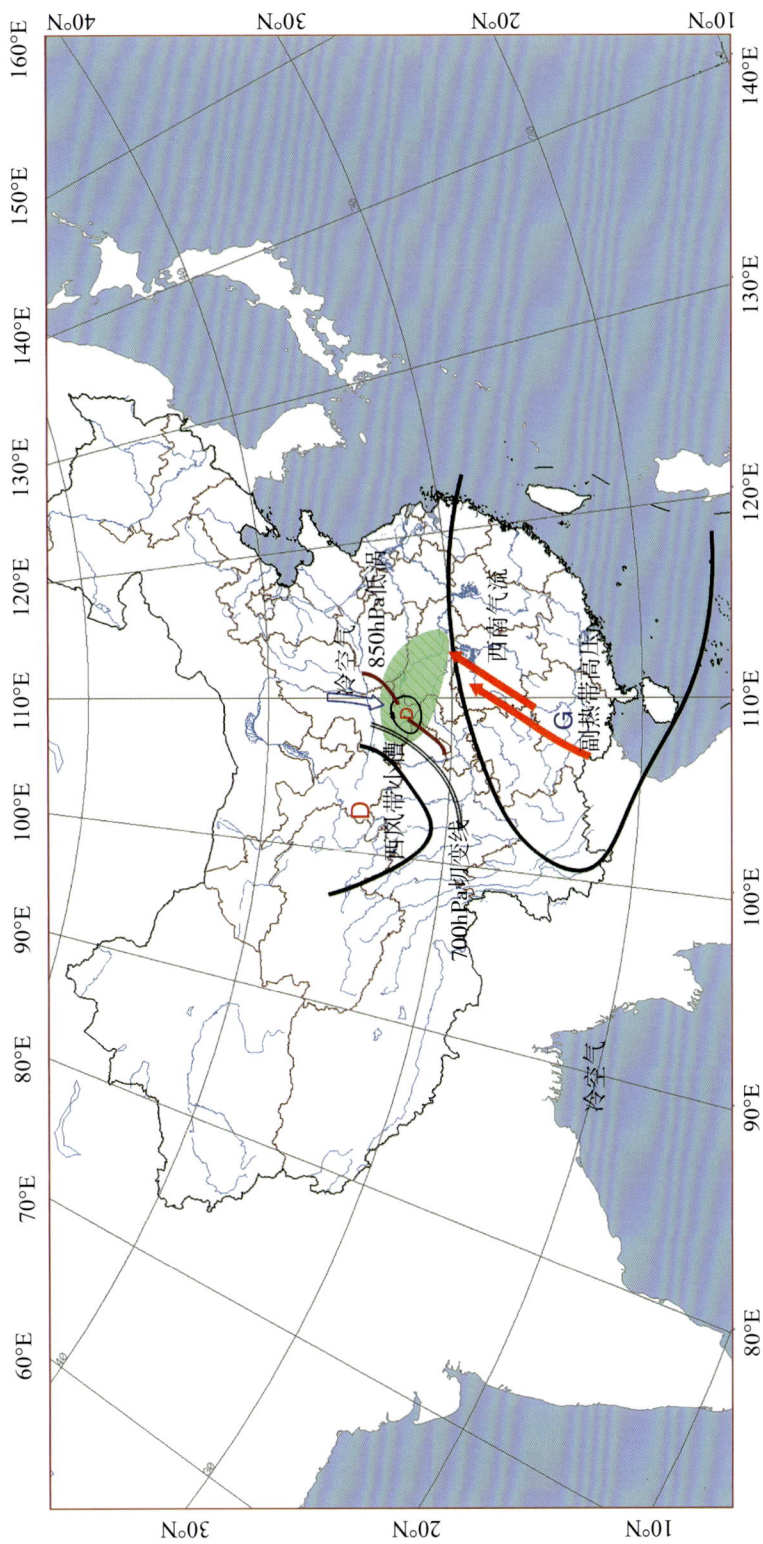

图5.2-1　槽前切变低涡型汉江暴雨天气形势配置

于预见期长，主要还是依赖数值预报产品资料，预报采用以数值预报为主、天气学经验预报为辅的综合预报方法。

目前能够获取的数值预报产品较多，制作中期降水预报主要包括以下几种：

1）欧洲中期天气预报中心（ECMWF）的全球模式

该模式可直接获取降水格点预报信息，也可获取要素场（如气压、温度、湿度、风等）预报信息。预报时效为 10 天。

2）中国 GRAPES 全球模式

该模式可直接获取降水格点预报信息，也可获取要素场（如气压、温度、湿度、风等）预报信息。预报时效为 10 天。

3）美国 GFS 全球预报模式

该模式可直接获取降水格点预报信息，也可获取要素场预报信息。预报时效可长至 30 天，但数值预报信息会随着预报时效的延长而迅速减少，预报时效超过 10 天，就"不准确"了。其原因有已知的气象规律依然掌握得还不够多、对世界各地的气象现状（数值天气预报的初始资料）的了解不够精确、计算机的能力有限及大气本身的随机性等。

4）德国气象局全球模式

该模式直接获取降水格点预报，预报时效 7 天。

5）本地化中尺度 WRF 模式

该模式直接获取降水格点预报，预报时效 7 天。

针对汉江流域历史不同量级降水强度的数值模式预报水平进行评估，小—中雨量级欧洲中心及德国模式预报效果相对较好，大雨以上量级，德国模式稳定性最好。对比夏季、秋季、枯季汉江全流域 1～7 天多模式降雨预报，德国及欧洲中心模式预报评分最高。

为了更充分利用多种数值预报产品，对分辨率不同的数值模式降水资料进行时间和空间降尺度处理，统一插值成空间分辨率为 5km×5km、时间分辨率为 1～3 天 6 小时、4～7 天逐日的格点数据，采用并行计算提高运算性能，实现汉江流域多模式动态集成优化技术。采用网页嵌套的方式将多模式集成系统集成到了业务应用系统上，实现汉江流域多模式降水集成业务化应用，在实际业务预报中，推荐预见期 3 天内降水预报可重点参考多模式集成预报信息，4~7 天参考 ECMWF 或多模式集成预报产品。

另外，在制作汉江流域降水预报时，除数值预报已有现成的产品可以利用外，还需利用逐日的要素场及物理量场数值预报产品，假定其预报的要素场即为预报日的实况要素场，对要素场进行天气学方法分析预报，可以最大限度地提高降水预报水平。

（3）长期降水预报

汉江长期降水预报主要在分析海温、副热带高压、季风、积雪等物理因子的前提下，利用数理统计、动力学方法等对汉江上游的降水进行预测。目前使用的方法主要包括：基于物理统计预测方法中的气候特征相似合成、要素变化趋势分析、相关分析、聚类回归分析、小波分析、SVD 模型、EOF 模型、随机森林模型、多种气候模式产品应用等多种方法，示例如图 5.2-2 和图 5.2-3 所示。另外，引进了区域气候模式 RegCM4，针对汉江流域月、季时间尺度的降水量进行预测应用。长期预报是国际大气科学和地球科学领域的前沿课题，也是极其困难的跨学科难题，受自身技术局限性，以及影响气候的因子多样性和复杂性，长期预报水平距离实际生产应用还有一定的距离。

5.2.2　洪水预报

汉江流域线长、面广，流域涉水主体众多，降水分布不均，不同区间产汇流特性差异大，汉江集团联合长江委水文局开展了《面向精细化调度需求的汉江流域水文气象预报新技术方法研究》，对当前的汉江流域洪水预报方案进行了修编，将汉江流域划分为 70 个预报分区。其中，丹江口水库坝址以上为上游，包括石泉以上、石泉—安康、安康—白河、堵河、白河—丹江口 5 个大区，区间降雨径流水文预报模型采用新安江模型，辅以 API-UH 模型，河道汇流采用马斯京根分段连续演算法或合成流量法。丹江口水库以下为中下游，包括丹江口—皇庄、皇庄以下 2 个大区，洪水演进主要采用相关图方法或水力学模型。

汉江上游较大支流主要有褒河、旬河、夹河、丹江、任河、堵河等。根据流域地理特征、降雨洪水特性、主要控制站和重点水库的分布等，可划分为 18 个闭合流域、44 个预报断面，基本可以控制汉江丹江口以上流域洪水的沿程变化规律。丹江口以上流域共配置洪水预报方案 115 套，其中，41 个

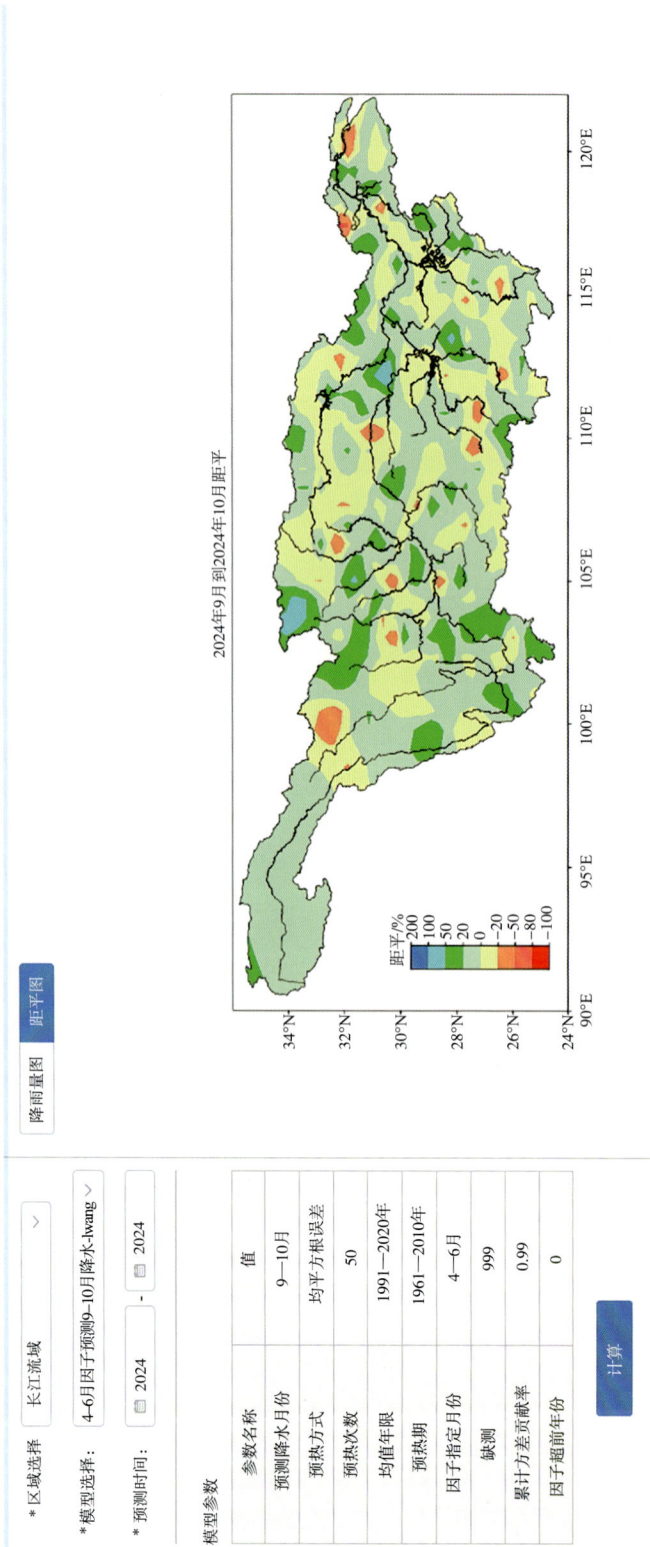

图5.2-2 EOF-RF模型预测2024年汉江上游秋汛期降水正常偏少

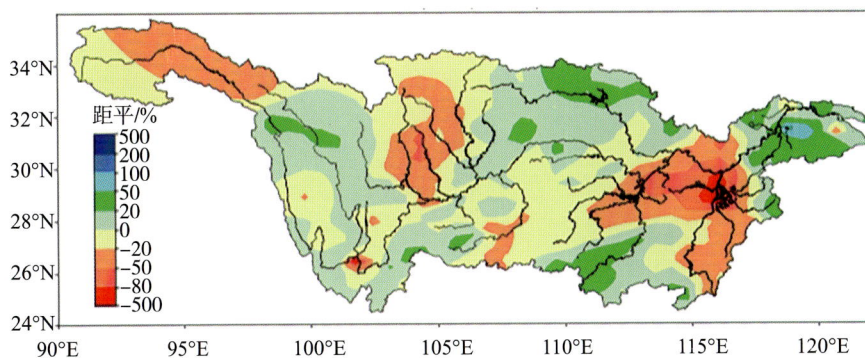

图 5.2-3　SSVDF 模型预测 2024 年汉江上游秋汛期降水正常偏多

水文（水库）站点，产流方案配置新安江模型、API 模型各 1 套，共 82 套；河道汇流方案配置马斯京根分段连续演算法或合成流量法共 20 套；13 个重点水库配置静库容调洪演算方案各一套。汉江丹江口以上洪水预报方案体系如图 5.2-4 所示。

汉江中下游丹江口—皇庄断面，主要支流有唐白河、南河、蛮河等。丹皇区间总共 15 个预报断面，基本控制丹皇区间干支流来水过程。丹皇区间流域共配置洪水预报方案 34 套，其中，11 个水文（水库）断面，产流方案配置新安江模型、API 模型各 1 套，共 22 套；河道汇流方案配置马斯京根分段连续演算法共 8 套；鸭河口和崔家营 2 座重点水库配置静库容调洪演算方案各一套；余家湖和皇庄站各配置一套相关图模型。汉江丹江口—皇庄洪水预报方案体系如图 5.2-5 所示。

汉江皇庄以下 9 个预报断面，共配置洪水预报方案 9 套，其中各站均配置 1 套相关图方案。

此外，在洪水预报方案修编的基础上，还深入研究了汉江流域产汇流耦合模式，分析了流域水文模型的适用性，首次将分布式水文模型、时变参数模型、混合产流模型等新技术、新方法在汉江流域进行构建，推动其在水文气象预报领域的研究与应用；确定了松散耦合的模式，构建了气象水文水力学耦合模型，为更好地开展汉江流域洪水精细化预报奠定了基础。

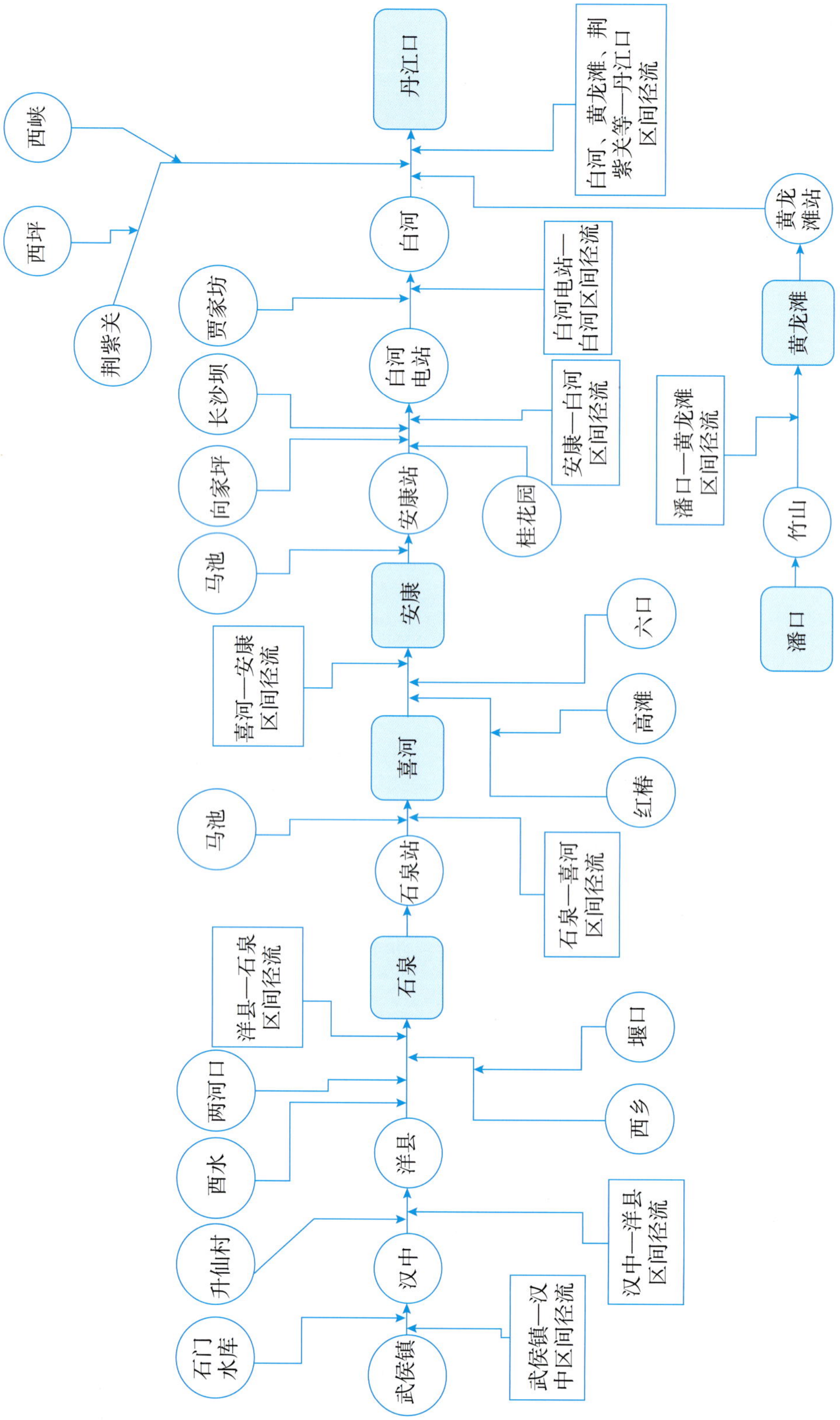

图5.2-4　汉江丹江口以上洪水预报方案体系

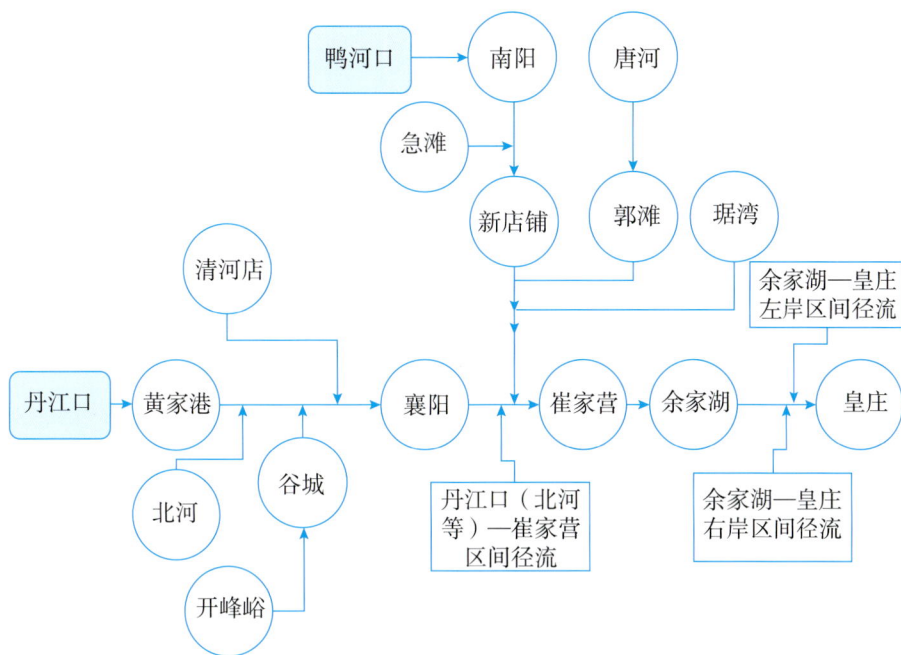

图 5.2-5 汉江丹江口—皇庄洪水预报方案体系

5.3 降水预报

5.3.1 长期降水预报

（1）主汛期长期预测

2023 年 3 月 29 日，长江委水文局发布 2023 年汛期长江流域旱涝趋势预测，预报 6—8 月汉江上游降水及丹江口天然平均入库流量均偏少。降水实况 6—8 月汉江上游降水偏多 10%，丹江口天然平均入库流量偏多 17%，降水及流量预报趋势存在偏差。

（2）月长期预测

长江委水文局汛期每个月底发布下个月的长江流域长期预测，其中涵盖丹江口水库天然平均入库流量预报，对 6—8 月逐月丹江口水库天然平均入库流量预报检验如表 5.3-1 所示。检验标准为实况与预报的趋势是否一致，即实况与均值的距平、预报中间值与均值的距平，两者距平符号一致认为预报趋势正确，否则预报趋势错误。6 月及 8 月丹江口水库天然平均入库流量预报正确，7 月预报存在偏差。

表 5.3-1　　　　　2023 年 6—8 月丹江口水库天然平均入库流量预报检验

时间	预报范围/（m³/s）	30 年均值/（m³/s）	实况/（m³/s）	趋势检验
6 月	1300～1800	1240	2600	√
7 月	1900～2400	1950	1550	×
8 月	1100～1600	1770	1630	√

（3）秋汛期长期预测

2023 年 8 月 29 日，长江委水文局秋汛期长期预测，预报 9—10 月汉江上游降水及丹江口天然平均入库流量均偏少。降水实况 9—10 月汉江上游降水偏多 69%，丹江口天然平均入库流量偏多 118%，降水及流量预报趋势存在偏差。

从整体上来看，汉江上游 2023 年主汛期及秋汛期的长期预测存在偏差，但逐月滚动预报可在一定程度上修正长期预报结论。长期预报存在偏差分析原因主要有长期预报自身的技术局限性，长期预报是国际大气科学和地球科学领域的前沿课题，也是极其困难的跨学科难题；2023 年气候背景与汉江典型涝年物理因子表现不一致，也反映出气候的复杂性，且秋季处于季风转变的时期，加剧了秋汛期预报的难度；另外，预报员制作长期预报时受实时状况的影响较大，2022 年长江流域发生罕见的夏秋冬连旱，2023 年长江流域上半年降水仍偏少，人为因素偏向于长期预测降水偏少考虑，以便于做好最坏的蓄水准备。

5.3.2　中期降水预报

2023 年 6—10 月，长江委水文局每日发布未来 4～7 天汉江流域 5 个分区逐日面雨量范围及倾向值，汉江上游分为石泉以上、石泉—白河、白河—丹江口，汉江中游即为丹皇区间，皇庄以下为汉江下游，采用长江委水文局制定的面雨量预报评分规则（表 5.3-2）对预报结果进行评定，结果见表 5.3-3。由评分结果可以看出，预报得分随着预见期的增加明显降低，第四天为 87 分，第五天为 84 分，第六天为 83 分，第七天降至 80 分；从分区来看，汉江白河以上得分最高，汉江中游得分最低，汉江上游与中游相连接的白河—丹江口分区评分也较低。

中期降水预报主要针对降水过程的预报，提示未来 7 天内有无降水过程以及降水过程强度的定性描述，随着数值预报水平的提高及实际业务的高需求，中期降水预报依照短期降水预报的要求进行定量预报，且每天滚动。从实际业务应用来看，中期降水预报能较准确地预报出未来降水过程的有无及降水过程的强度，但在具体定点定量上还存在偏差，上述中期降水预报评分达到短期水文气象预报第三天预报产品的精度要求。

表 5.3-2　　　　　　　　　　　　长江水文情报预报中心降水预报评分规则　　　　　　　（单位：分）

预报评 分实况	0	1～ 5	5～ 10	5～ 15	10～ 20	15～ 25	20～ 40	30～ 50	40～ 60	50～ 100	＞100
$R=0$	100	80	0	0	0	0	0	0	0	0	0
$0<R\leqslant5$	80	100	90	80	80	60	0	0	0	0	0
$5<R\leqslant10$	0	80	100	100	90	80	60	0	0	0	0
$10<R\leqslant15$	0	60	90	100	100	90	80	60	0	0	0
$15<R\leqslant20$	0	40	80	90	100	100	90	80	60	0	0
$20<R\leqslant25$	0	0	60	80	90	100	100	90	80	60	0
$25<R\leqslant30$	0	0	40	60	90	90	100	90	90	80	40
$30<R\leqslant40$	0	0	0	40	80	90	100	100	90	90	60
$40<R\leqslant50$	0	0	0	0	60	80	90	100	100	90	80
$50<R\leqslant60$	0	0	0	0	40	60	90	90	100	100	90
$60<R\leqslant80$	0	0	0	0	0	40	80	90	90	100	90
$80<R\leqslant100$	0	0	0	0	0	20	80	80	90	100	100
$R>100$	0	0	0	0	0	0	60	80	90	90	100

表 5.3-3　　　　　　　　　　2023 年 6—10 月汉江流域各分区中期降水预报评分　　　　　　（单位：分）

分区	第四天	第五天	第六天	第七天	平均
石泉以上	88	85	86	83	85
石泉—白河	89	85	85	82	85
白河—丹江口	86	83	83	81	83
丹皇区间	83	80	79	78	80
皇庄以下	89	87	83	76	84
平均	87	84	83	80	83

5.3.3 短期降水预报

（1）短期降水预报评定

2023 年 6—10 月，长江委水文局每日发布未来 1～3 天汉江流域 5 个分区（石泉以上、石泉—白河、白河—丹江口、丹皇区间、皇庄以下）逐日面雨量范围及倾向值，采用长江委水文局制定的面雨量预报评分规则对预报结果进行评定，结果见表 5.3-4 至表 5.3-6。综合评定结果发现，预报得分随着预见期的增加稍有降低，24 小时为 89 分，48 小时及 72 小时为 88 分，均超过水文气象预报产品策划所规定的产品精度要求。从分区来看，汉江上游（丹江口以上）的评分整体高于汉江下游（皇庄以下），汉江中游（丹江口—皇庄）最低；汉江上游中 3 个分区石泉—白河整体评分最高，其次石泉以上，白河—丹江口最低。从逐月的评分看，9 月评分整体最高，其次 10 月，再次 7—8 月，6 月最低，表明秋汛期的中期降水预报相对主汛期准确率更高。

表 5.3-4　　**2023 年 6—10 月丹江口水库天然平均入库流量检验（24 小时）**　　（单位：分）

24 小时	6 月	7 月	8 月	9 月	10 月	平均
石泉以上	92	88	90	87	89	89
石泉—白河	88	94	92	91	90	91
白河—丹江口	86	88	91	90	87	88
丹皇区间	87	89	84	90	91	88
皇庄以下	90	80	94	88	94	89
平均	89	88	90	89	90	89

表 5.3-5　　**2023 年 6—10 月丹江口水库天然平均入库流量检验（48 小时）**　　（单位：分）

48 小时	6 月	7 月	8 月	9 月	10 月	平均
石泉以上	92	87	86	88	87	88
石泉—白河	85	90	89	91	88	89
白河—丹江口	82	89	87	90	84	86
丹皇区间	83	89	83	91	88	87
皇庄以下	89	78	95	90	94	89
平均	86	87	88	90	88	88

表 5.3-6　　　2023 年 6—10 月丹江口水库天然平均入库流量检验（72 小时）　　（单位：分）

72 小时	6 月	7 月	8 月	9 月	10 月	平均
石泉以上	93	89	88	89	86	89
石泉—白河	86	92	85	93	88	89
白河—丹江口	79	88	87	92	86	86
丹皇区间	83	87	82	87	88	85
皇庄以下	86	85	93	88	94	89
平均	85	88	87	90	88	88

（2）典型降水过程个例分析

汉江洪水预报调度过程的第三阶段（9 月 30 日至 10 月 1 日）是预测"汉江 2023 年第 2 号洪水"的关键阶段，选取本阶段气象预报情况分析汉江典型预报过程。

1）前期预报

9 月 23 日延伸期预报，判断 10 月 4 日前后汉江上游有中等强度降水过程；9 月 24 日延伸期预报，进一步确认 10 月 1—5 日汉江上游有持续降水过程。

9 月 29 日短中期预报，根据 28 日数值模式形势场，预判 10 月 4—5 日有高空槽、冷空气影响汉江流域，700hPa 有切变线影响汉江上中游，但 850hPa 汉江流域为东风控制，中低层配合较差，外加西太平洋洋面有热带扰动往西移动削弱水汽输送，预计 10 月 4—5 日，汉江上游有中雨强度的降雨过程，汉江上游各分区过程累计雨量在 22～32mm，实况降水汉江上游各分区累计雨量在 24～32mm，预报与实况对比如图 5.3-1 所示。

2）9 月 30 日预报依据

9 月 30 日 5 时，2023 年第 14 号台风"小犬"在西太平洋生成，根据 9 月 30 日数值模式的形势场，预判 10 月 4—6 日西太平洋副热带高压强度较强且主体稳定在长江干流及以南，同时 4 日前后北方将有较强冷空气南下，700hPa 和 850hPa 中低层存在明显的切变，来自西太平洋的暖湿气流输送较强。综合考虑形势场预报、数值模式降雨预报和其他单位综合意见，预计 10 月 4—6 日汉江上游有中雨、局地大雨的降雨过程，汉江上游过程累计雨量达 40～70mm。

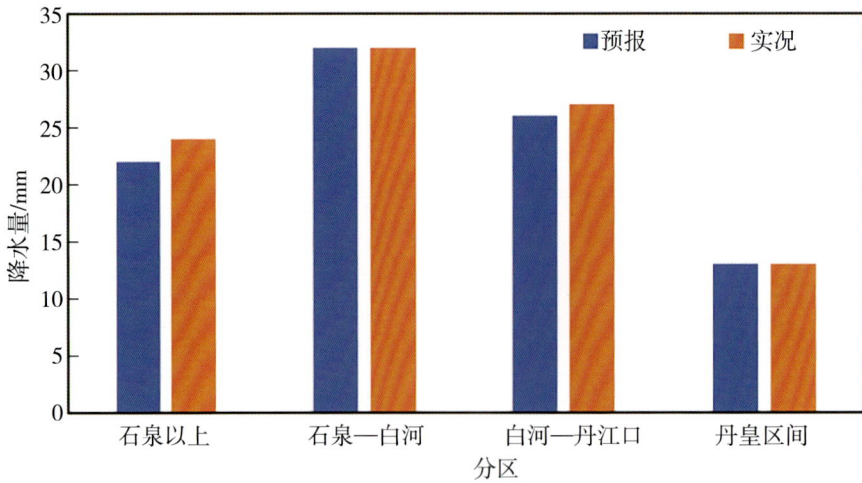

图 5.3-1　9 月 29 日预报 10 月 4—5 日降雨过程预报与实况

各种预报对比如表 5.3-7 及图 5.3-2 至图 5.3-5 所示,可以看出,针对后续的 10 月 4—6 日降水过程,不同单位降水预报及不同数值模式预报均给出了响应,且预报较实况相比均偏大,其中,气象部门、日本数值预报及德国数值预报相对预报偏大明显。

表 5.3-7　　　　　　　　9 月 30 日气象部门和长江委水文局预报对比

分区	9 月 30 日	10 月 1 日	10 月 2 日	10 月 3 日	10 月 4 日	10 月 5 日	10 月 6 日
气象部门							
石泉以上	2	12	6	4	15	28	47
石泉—白河	7	27	20	9	19	58	45
白河—丹江口	12	25	28	11	23	35	16
丹皇区间	4	18	32	8	12	10	3
长江委水文局							
石泉以上	1	12	7	8	14	26	4
石泉—白河	7	23	14	12	29	28	12
白河—丹江口	11	21	21	10	20	18	11
丹皇区间	5	18	25	4	9	8	5

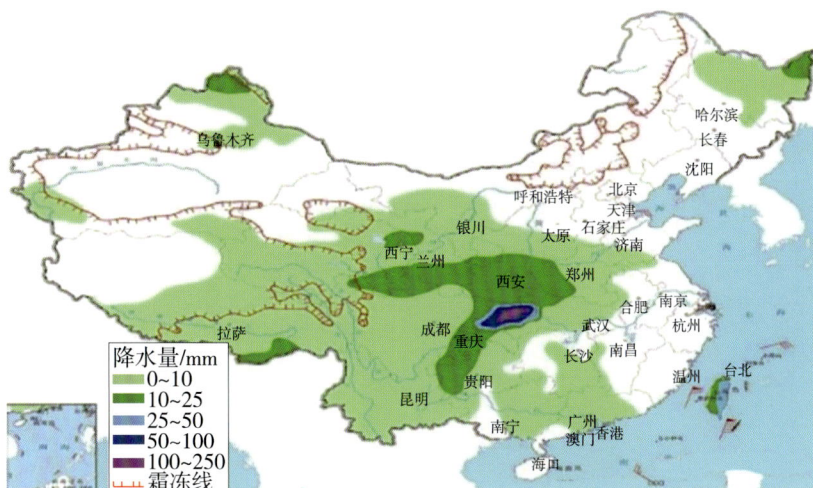

（a）9 月 30 日中央气象台制作的 10 月 4 日降雨预报

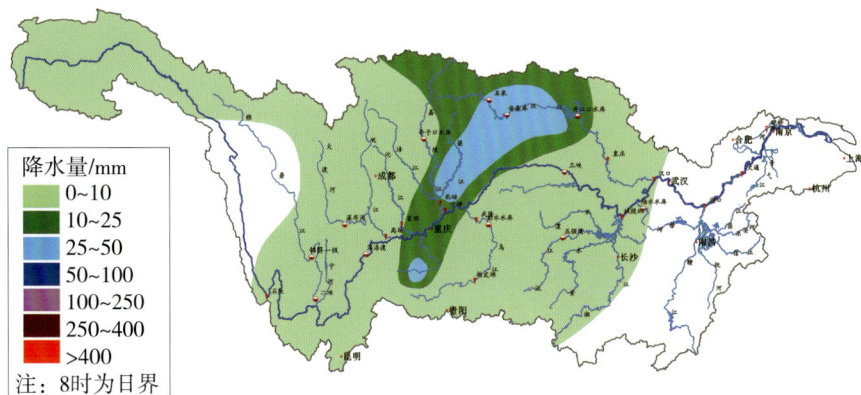

（b）9 月 30 日长江委水文局制作的 10 月 4 日降雨预报

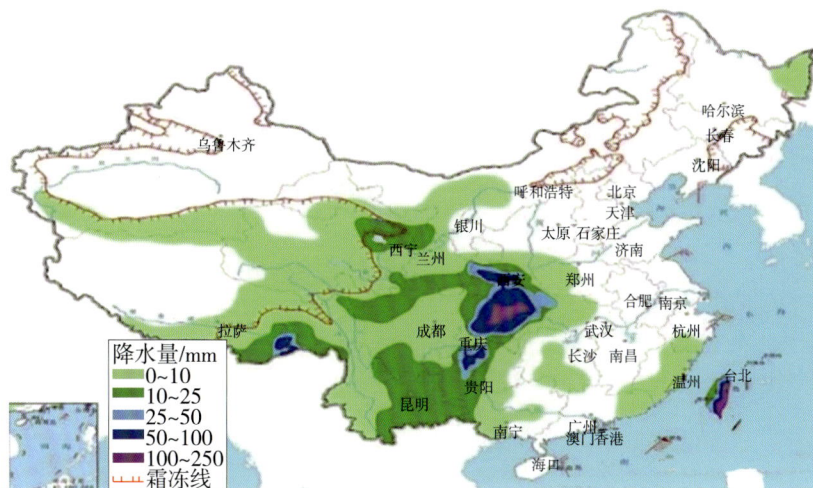

（c）9 月 30 日中央气象台制作的 10 月 5 日降雨预报

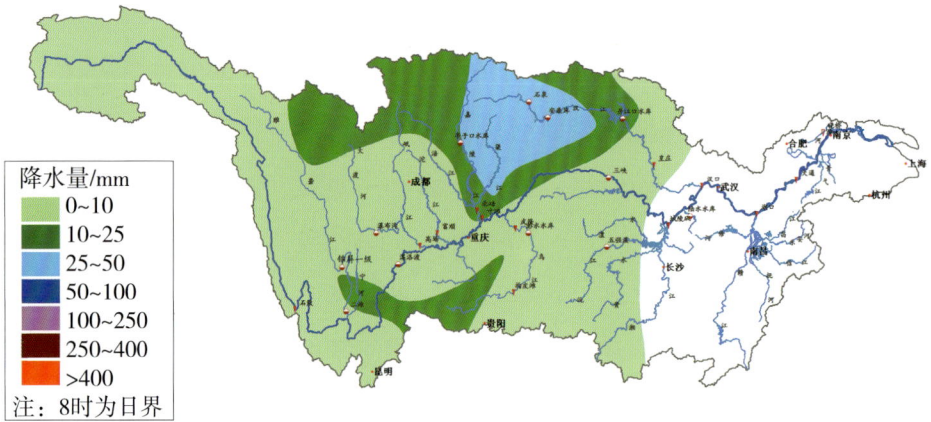

（d）9 月 30 日长江委水文局制作的 10 月 5 日降雨预报

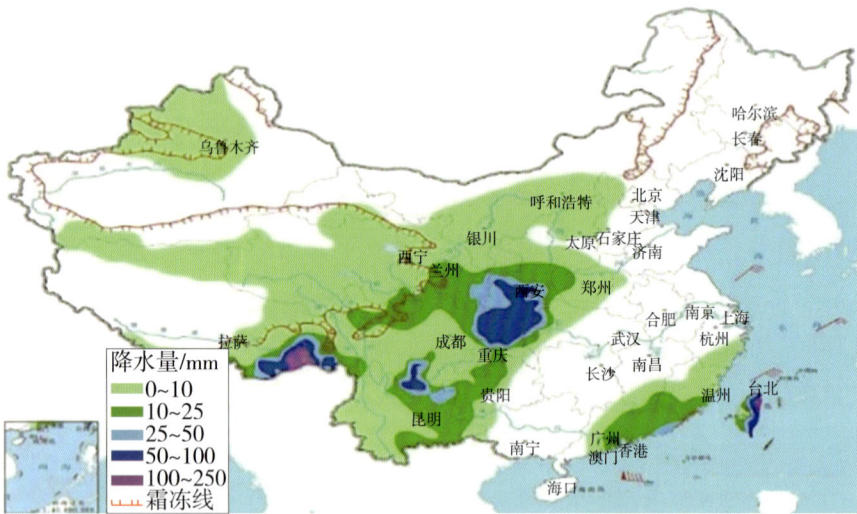

（e）9 月 30 日中央气象台制作的 10 月 6 日降雨预报

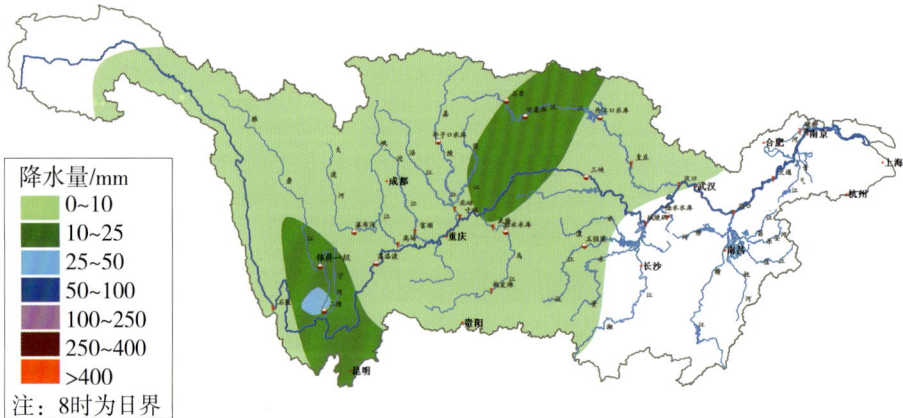

（f）9 月 30 日长江委水文局制作的 10 月 6 日降雨预报

图 5.3-2　9 月 30 日气象部门和长江委水文局制作 10 月 4—6 日预报图对比

累计雨量/mm 笼罩面积/万km²
0~10   115.63
10~25   25.64
25~50   7.28
50~100   0.31
100~250   0.00
>250   0.00

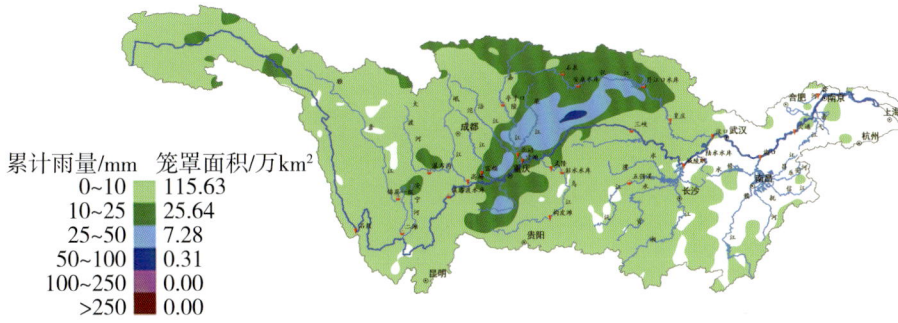

（a）欧洲中心模式

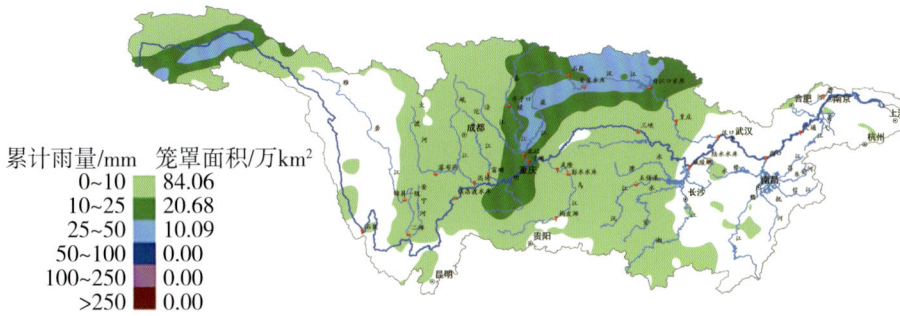

累计雨量/mm 笼罩面积/万km²
0~10   84.06
10~25   20.68
25~50   10.09
50~100   0.00
100~250   0.00
>250   0.00

（b）日本数值模式

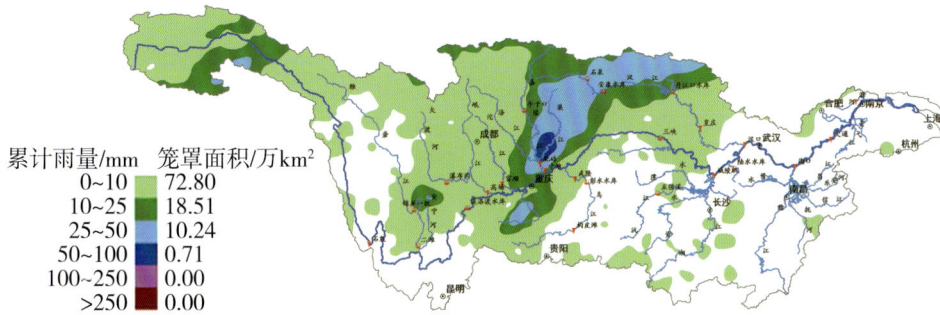

累计雨量/mm 笼罩面积/万km²
0~10   72.80
10~25   18.51
25~50   10.24
50~100   0.71
100~250   0.00
>250   0.00

（c）德国数值模式

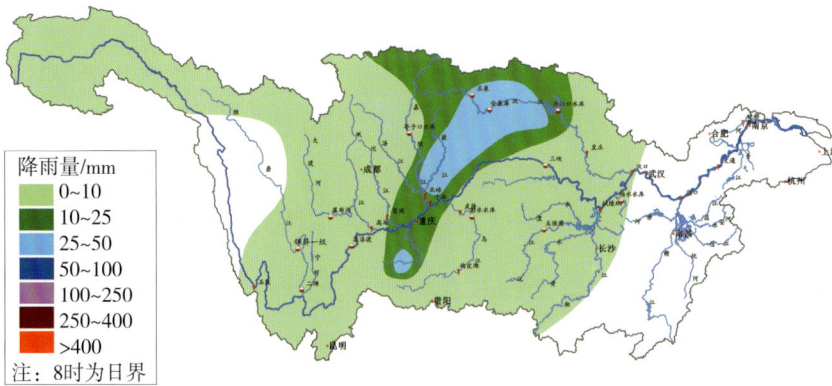

降雨量/mm
0~10
10~25
25~50
50~100
100~250
250~400
>400
注：8时为日界

（d）长江委水文局预报

图 5.3-3 9 月 30 日起报的 10 月 4 日多模式降雨预报对比

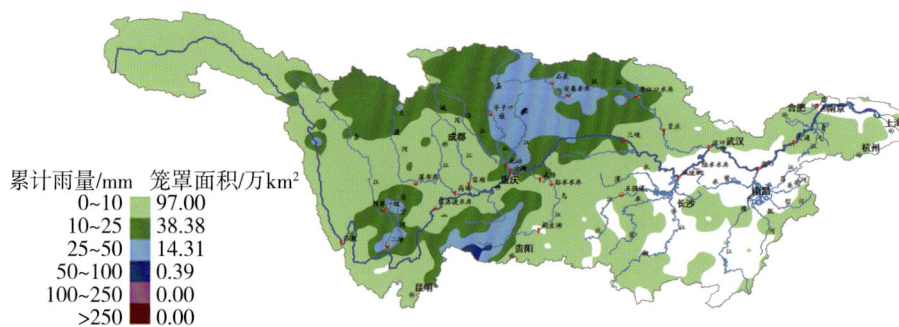

（a）欧洲中心模式

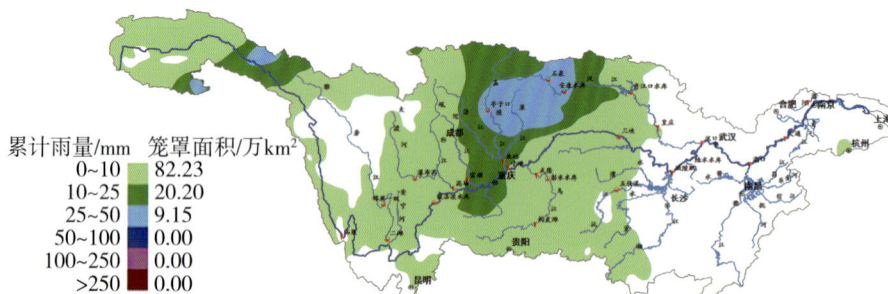

（b）日本数值模式

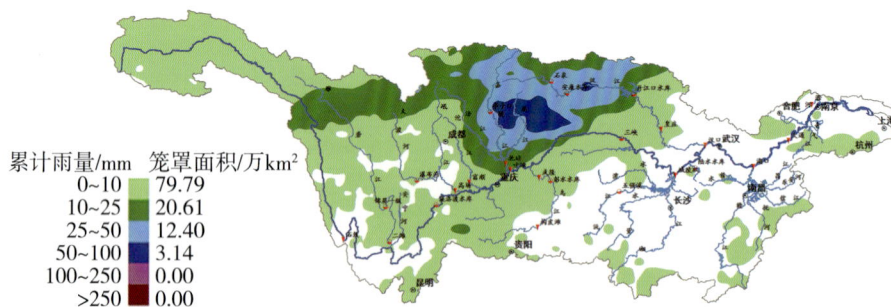

（c）德国数值模式

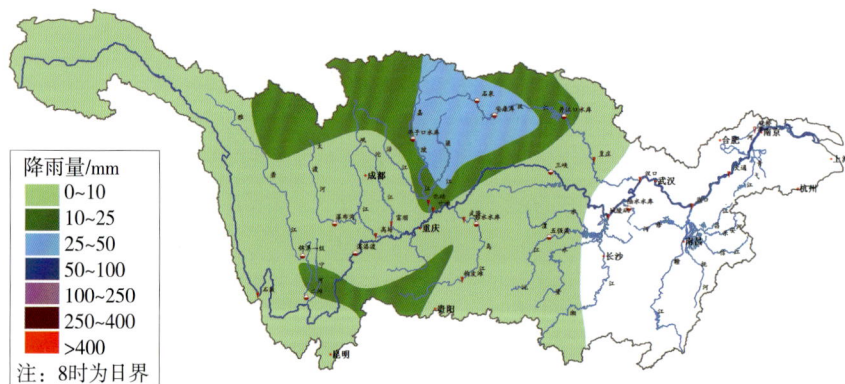

（d）长江委水文局预报

图 5.3-4　9 月 30 日起报的 10 月 5 日多模式降雨预报对比

累计雨量/mm	笼罩面积/万km²
0~10	105.09
10~25	33.11
25~50	5.95
50~100	0.89
100~250	0.00
>250	0.00

（a）欧洲中心模式

累计雨量/mm	笼罩面积/万km²
0~10	55.35
10~25	34.83
25~50	7.35
50~100	0.00
100~250	0.00
>250	0.00

（b）日本数值模式

降雨量/mm
0~10
10~25
25~50
50~100
100~250
250~400
>400

注：8时为日界

（c）长江委水文局预报

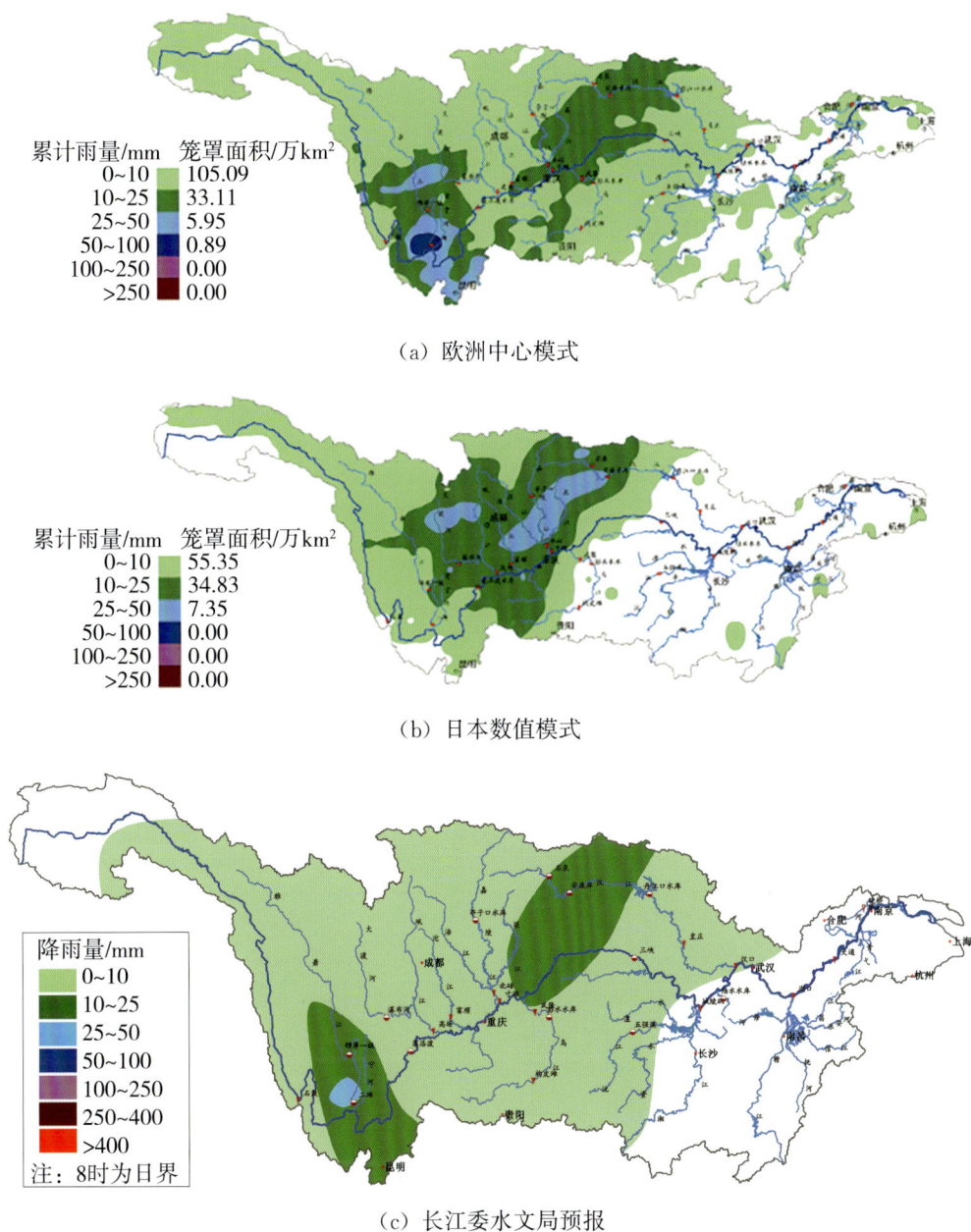

图 5.3-5　9 月 30 日起报的 10 月 6 日多模式降雨预报对比

3）10 月 2 日预报调整

根据 10 月 2 日最新环流场预报，考虑台风强度增强、位置北调，同时低层切变减弱，不利于汉江流域的强降雨，因此对 4—5 日汉江流域降水预报进行了下调，预计 4—5 日，汉江上游有中雨强度的降雨过程，汉江上游各分区过程累计雨量在 27~43mm，10 月 4—5 日预报与实况对比如图 5.3-6 所示。

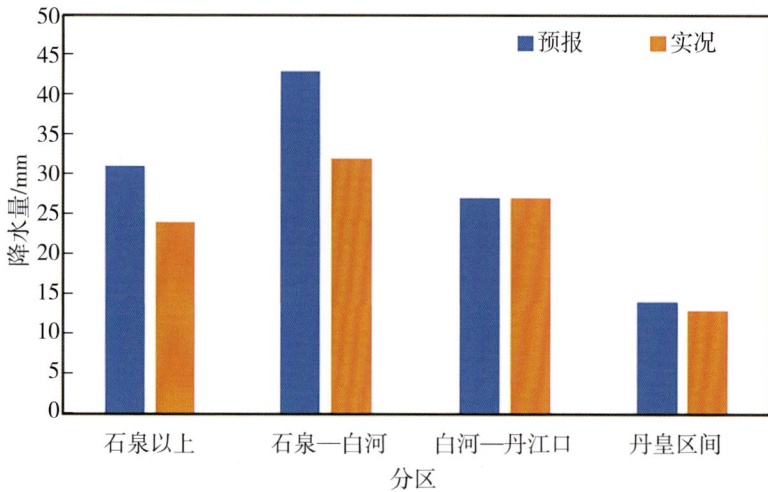

图 5.3-6 10 月 2 日预报 10 月 4—5 日降雨过程预报与实况

4）误差分析

9 月 30 日 5 时，西太平洋洋面上有 14 号台风"小犬"生成（图 5.3-7），对长江流域的大气环流形势产生了明显的影响，增加了降雨预报的不确定性。一方面，在台风生成的影响下，本应随着北方冷空气大举南下而逐步南压移出长江流域的副热带高压南移速度变慢；另一方面，台风外围环流直接影响长江流域水汽输送条件，从而影响本轮汉江流域降水过程。由于台风自身变化的不确定性，增加了本轮降雨过程的预报难度，前期台风"小犬"预报路径及演变过程与 2005 年 19 号台风"龙王"相似，受台风"龙王"影响，2005 年 9 月 30 日至 10 月 2 日汉江上游 3 天累计雨量达 99mm。而台风"小犬"后期与前期相比，位置北调、强度加强，一定程度上削弱了来自西太平洋水汽的输送强度，影响了北方冷空气的南下，致使 10 月 4—6 日降雨过程减弱。

5.4 洪水预报预警

5.4.1 短期水情预报

（1）短期水情预报精度评定

6 月 1 日至 10 月 31 日，根据实况雨水情和预见期降雨，每日为丹江口水库运行调度提供 3 天预见期的石泉入库流量、安康入库流量、白河站流

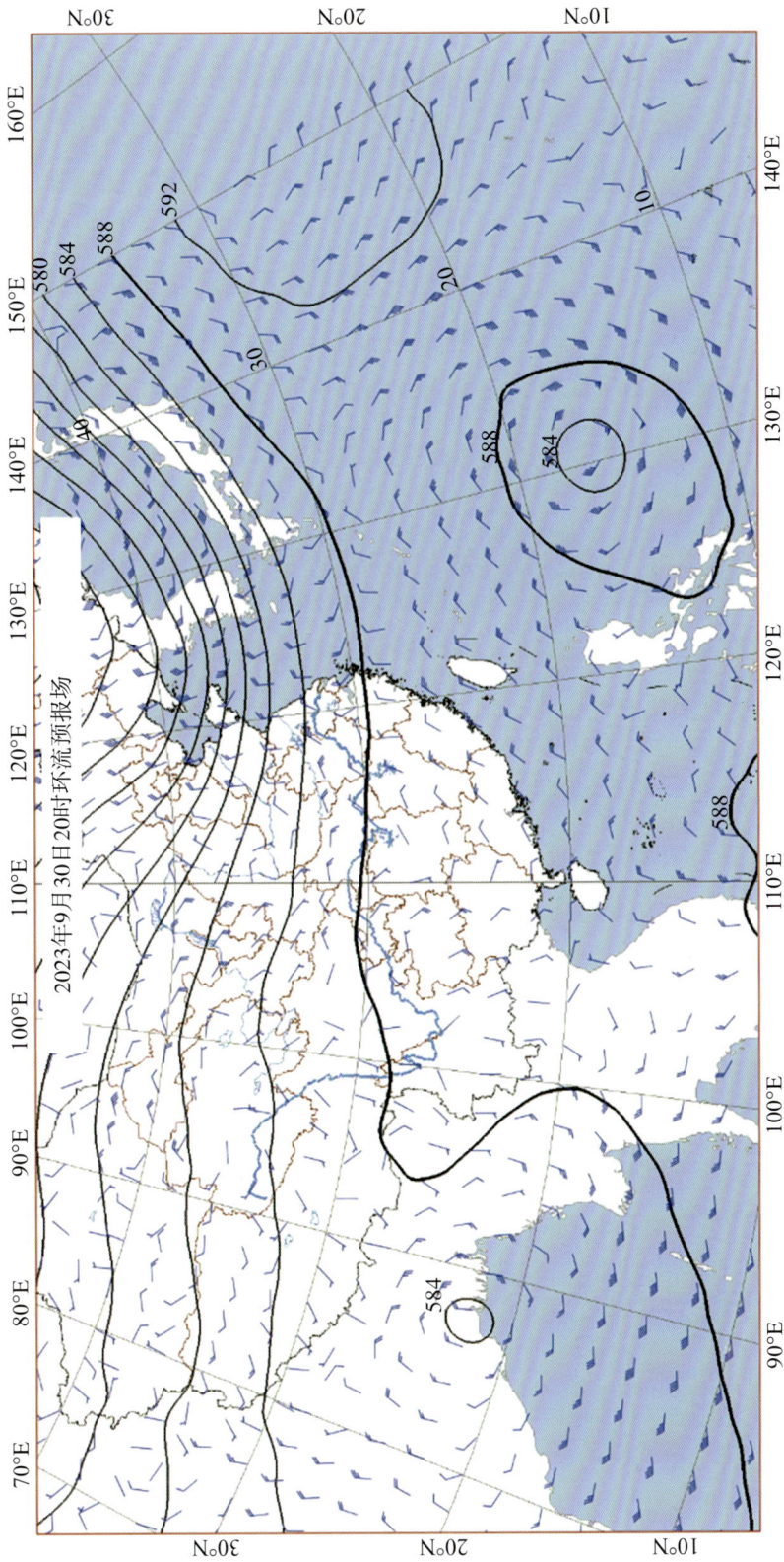

图5.3-7　台风影响下副热带高压形势预报

量、黄龙滩入库流量、丹江口入库流量预报，自 7 月 2 日起还提供 3 天预见期的丹江口水库水位预报，共发布短期水情预报 153 期，其中丹江口水库水位预报 122 次。

根据《水文情报预报规范》（GB/T 22482—2008），丹江口水库流量、水量预报误差用相对误差的形式表示：相对误差＝［（预报值－实际值）/实际值］×100％；库水位预报误差用绝对误差的形式表示：绝对误差＝预报值－实际值。考虑到汉江流域降雨预报不确定性大、水库入库流量级小，又受到流域内中小水库的调蓄影响，水情预报误差较大，现有规范中的许可误差分析方法不能适用于汉江流域水库群的预报精度评定。因此，本书仅对水情预报服务的预报误差进行分析，不对合格率进行评定。

短期水情预报精度评定结果见表 5.4-1。由表 5.4-1 可见，丹江口水库日均入库流量、逐日累计入库水量预见期 1～3 天预报平均误差分别为 37.6％～46.3％、23.0％～37.6％，库水位预报结果误差较小，1 天、2 天、3 天预见期预报平均误差均在 0.09m 左右；安康入库、白河站流量预报精度相对较高，安康水库日均入库流量、逐日累计入库水量预见期 1～3 天预报平均误差分别为 23.3％～32.2％、22.6％～23.5％，白河站日均流量、逐日累计水量预见期 1～3 天预报平均误差分别为 23.4％～37.3％、22.2％～23.4％；石泉日均入库流量预见期 1～3 天预报平均误差在 28.0％～51.0％，逐日累计入库水量预见期 1～3 天预报平均误差在 28.0％～32.2％；黄龙滩日均入库流量预见期 1～3 天预报平均误差在 40.0％～58.0％，逐日累计入库水量预见期 1～3 天预报平均误差在 36.2％～40.0％。

2023 年 6—10 月，根据水利部要求发布汉江中下游主要控制断面预报 17 次，依据《水文情报预报规范》（GB/T 22482—2008），采用水位平均绝对误差、流量平均相对误差对预报结果进行评定，结果见表 5.4-2。综合评定结果发现，对汉江中下游 2 天预见期内的水位预报效果较好，平均误差均在 0.7m 以内，流量预报误差除了潜江站超过 20％外，其余各站均在 20％以内，满足预报精度要求。

表 5.4-1　2024 年丹江口水库运行管理短期水情预报精度评定结果

预报对象	项目	预见期 1 天		预见期 2 天		预见期 3 天	
		平均误差/（流量%/水位 m）	预报次数	平均误差/（流量%/水位 m）	预报次数	平均误差/（流量%/水位 m）	预报次数
石泉水库	日均入库流量	28.0	153	45.6	153	51.0	153
	逐日累计入库水量	28.0		31.8		32.2	
安康水库	日均入库流量	23.3	153	26.8	153	32.2	153
	逐日累计入库水量	23.3		22.6		23.5	
白河站	日均流量	23.4	153	30.6	153	37.3	153
	逐日累计水量	23.4		22.3		22.2	
黄龙滩水库	日均入库流量	40.0	153	51.8	153	58.0	153
	逐日累计入库水量	40.0		36.5		36.2	
丹江口水库	日均入库流量	37.6	153	41.3	153	46.3	153
	逐日累计入库水量	37.6		27.9		23.0	
	库水位	0.09	122	0.09	122	0.10	122

注：2024 年 7 月 2 日开始发布丹江口库水位预报，故预报次数仅有 122 次。

表 5.4-2   2023 年 6—10 月汉江中下游预报检验

站点	预见期 1 天 平均误差/（流量％/水位 m）	预见期 2 天 平均误差/（流量％/水位 m）	预报 次数
余家湖水位	0.31	0.67	16
余家湖流量	9.39	19.60	16
皇庄水位	0.30	0.51	17
皇庄流量	13.79	14.38	17
兴隆水位	0.44	0.63	17
兴隆流量	11.63	17.07	17
潜江水位	0.46	0.62	17
潜江流量	28.33	46.08	17
仙桃（二）水位	0.25	0.46	17
仙桃（二）流量	6.31	12.38	17
汉川水位	0.19	0.45	17

（2）汉江上游典型洪水过程分析

本书洪水预报过程围绕"汉江 2024 年第 1 号洪水"预报过程进行分析总结，评定丹江口水库入库洪水的预报水平。

7 月 13 日，长江干流附近有大雨、局地暴雨或大暴雨。日面雨量：汉江皇庄以下 70mm，岷江、涪江、白河—丹江口、丹皇区间、江汉平原 12～20mm。14 日 8 时预计：14—20 日，汉江有中—大雨、局地暴雨，其中，14 日，汉江石泉以上及汉江中下游有大雨、局地暴雨。7 月 14 日 8 时预报：考虑预见期降雨，预计 15 日丹江口水库将有一次 8000m³/s 量级的涨水过程。

7 月 14 日，丹皇区间有暴雨—大暴雨，汉江上游有中雨、局地大雨。日面雨量：丹皇区间 64mm，白河—丹江口 24mm，石泉以上、石泉—白河 10～17mm。15 日 8 时预计：15—20 日，汉江上游有中—大雨、局地暴雨，过程累计面雨量：石泉以上 90～170mm。7 月 15 日 8 时预报：16 日丹皇区间来水将涨至 7600m³/s 左右，20 日前后丹江口最大入库流量在 6000m³/s 左右。

7 月 15 日，汉江上中游北部有中—大雨、局地暴雨。日面雨量：丹皇区间 22mm，石泉以上 8mm，白河—丹江口 5～7mm。16 日 8 时预计：16—20 日，汉江上中游有中—大雨、局地暴雨，过程累计面雨量：石泉以上、石泉白河 60～110mm，白河—丹江口、丹皇区间 40～60mm。16 日 8 时预报：19 日前后将有一次 8500m³/s 量级的涨水过程。

7 月 16 日，汉江上中游北部有大—暴雨、局地大暴雨。日面雨量：石泉以上 36mm，白河—丹江口 22mm，石泉—白河、丹皇区间 10～19mm。17 日 8 时预计：未来 3 天，汉江上中游有中—大雨、局地暴雨，过程累计面雨量：石泉以上 70～120mm，石泉—白河、白河—丹江口 30～50mm。17 日 8 时预报：丹江口将有 2 次涨水过程，入库洪峰流量分别为 9000m³/s（18 日）、7500m³/s（22 日）。

7 月 17 日，汉江石泉以上、丹皇区间北部有大—暴雨、局地大暴雨。日面雨量：石泉以上 31mm，丹皇区间 19mm，石泉—白河 11～15mm。18 日 8 时预计：18—20 日，汉江上游有中—大雨、局地暴雨，过程累计面雨量：石泉以上 40～70mm。18 日 8 时根据实况和预见期降水，预报丹江口第一次洪峰流量为 10000m³/s 左右，此外 20 日前后仍将有一次 10000m³/s 量级的涨水过程。18 日，丹江口水库第一次洪峰流量 10200m³/s，预报误差仅 2%，为丹江口水库开展错峰调度奠定了良好的基础。18—19 日，长江委水文局滚动预报不断调整，19 日晚间预报 20 日洪峰流量在 16000m³/s 左右，实况洪峰流量 16500m³/s，预报误差 3%。长江委水文局通过对 2 次洪峰的准确预报，为丹江口水库的调度争取了主动。

总体而言，本次洪水期间，通过滚动预报，长江委水文局对各控制站的洪峰把握较好，为以丹江口为核心的汉江上游水库群调度争取了主动。"汉江 2024 年第 1 号洪水"期间，汉江上游主要控制站短期预报成果如表 5.4-3 所示，入库流量预报实况对照如图 5.4-1 所示。

表 5.4-3　　　　　　　　　　汉江上游主要控制站短期预报成果

站名	项目	实况	预报	误差/%
石泉	洪峰流量/（m³/s）	7520	6150	−18.2
安康	洪峰流量/（m³/s）	8530	8300	−2.7
丹江口水库	洪峰流量/（m³/s）	16500	16000	−3.0

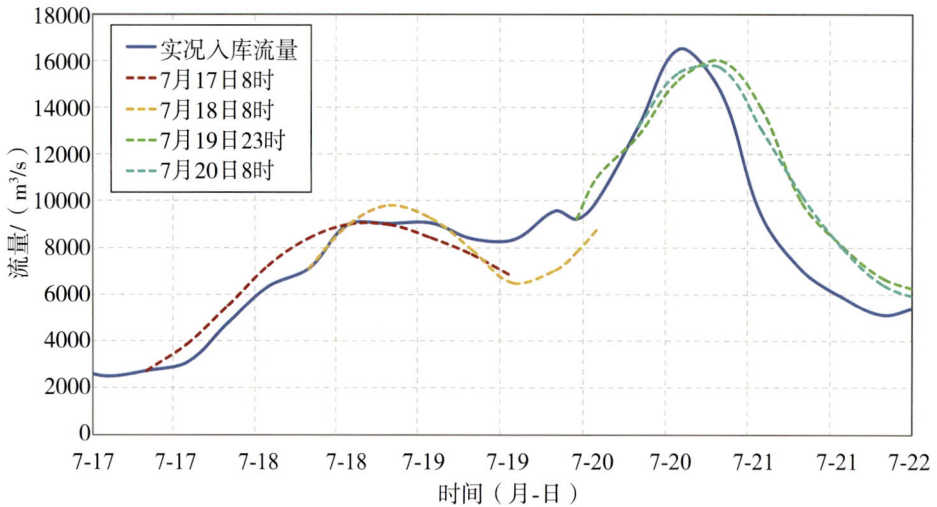

图 5.4-1 "汉江 2024 年第 1 号洪水"期间丹江口入库流量预报实况对照

5.4.2 中期水情预报

2024 年 6 月 1 日至 10 月 31 日，根据实况雨水情和预见期降雨，自 6 月 1 日起每周一为丹江口水库运行调度提供 10 天预见期的石泉入库流量、安康入库流量、白河站流量、黄龙滩入库流量、丹江口入库流量预报，自 7 月 8 日起还提供 10 天预见期的丹江口水库水位预报，共发布中期水情预报 22 期，其中丹江口水库水位中期预报 17 次。对中期预报结果进行检验，评定结果如表 5.4-4 所示，从预报检验统计结果可以看出，丹江口水库日均入库流量、逐日累计入库水量预见期 4～10 天预报平均误差分别为 29.9%～58.1%、21.8%～26.5%，预见期 4 天、5 天、6 天库水位预报平均误差分别为 0.07m、0.14m、0.19m，预见期 7～10 天预报平均误差为 0.27～0.38m。石泉水库预见期 4～10 天日均入库流量预报平均误差为 28.9%～58.1%、逐日累计入库水量预报平均误差为 21.6%～39.6%。中期预报期数较少，且受上游水库调蓄影响，丹江口水库日均来水不太稳定，导致部分日期的实际日均入库流量与报汛值有所出入，因此丹江口入库流量中期预报结果合格率偏低，但整体与 2023 年结果接近。

表 5.4-4　　　　2024 年丹江口水库运行管理中期水情预报精度平均误差　　（单位：%／m）

预报对象	项目	预见期4 天	预见期5 天	预见期6 天	预见期7 天	预见期8 天	预见期9 天	预见期10 天
石泉水库	日均入库流量	28.9	29.3	44.5	36.8	57.5	58.1	37.3
	逐日累计入库水量	21.6	22.6	24.4	32.5	38.6	39.6	37.7
丹江口水库	日均入库流量	38.6	32.0	48.8	29.9	51.1	49.9	58.1
	逐日累计入库水量	23.2	23.2	21.9	21.8	22.5	25.3	26.5
	库水位	0.07	0.14	0.19	0.27	0.31	0.33	0.38

5.4.3　洪水预警

（1）汉江上游洪水预警

9 月 29 日，受强降雨影响，汉江流域发生明显涨水过程，预计丹江口水库来水将继续增加，29 日晚最大入库流量在 13000m³/s 左右，10 月上旬还将有两次较大涨水过程。长江委水文局于 9 月 29 日 11 时发布丹江口库区洪水蓝色预警，提请汉江上游丹江口库区沿线有关单位、公众注意防范。9 月29 日 20 时，丹江口水库入库流量 15100m³/s。根据《长江干流石鼓至寸滩江段和流域重要跨省支流洪水编号规定》，达到汉江洪水编号标准。长江委水文局正式发布"汉江 2023 年第 1 号洪水"在汉江上游形成。同时，根据气象预报，10 月上旬汉江上游将有强降雨维持，丹江口水库仍会发生较大涨水过程。

（2）汉江中下游洪水预警

9 月 30 日，受强降雨影响，汉江流域发生洪水过程，14 时，丹江口水库入库流量 13800m³/s，汉江中游襄阳、皇庄站水位分别为 65.94m、45.71m，下游仙桃、汉川站水位分别为 29.58m、24.22m。考虑预见期降雨和上游水库调度影响，预计：10 月上旬，丹江口水库还有 2 次较大涨水过程，汉江中下游各站水位将继续上涨，涨幅在 3～6m，皇庄以下各站 10 月 1日起将陆续超过警戒水位。长江委水文局于 9 月 30 日 14 时发布汉江中下游洪水黄色预警，继续发布汉江上游丹江口库区洪水蓝色预警，提请汉江上游丹江口库区和中下游沿线有关单位和公众注意防范。10 月 2 日 22 时，长江委水文局继续发布汉江中下游洪水黄色预警、汉江上游丹江口库区洪水蓝色预警，提请汉江上游丹江口库区和中下游沿线有关单位、公众注意防范。10月2日22时，皇庄站水位48.02m，超过警戒水位0.02m。根据《长江干流石鼓至寸滩江段和流域重要跨省支流洪水编号规定》，达到汉江洪水编号标准，长江委水文局正式发布："汉江2023年第2号洪水"在汉江中游形成，预计皇庄站3日14时最高水位将涨至49m，相应流量14500m³/s。

第 6 章　丹江口水库实时预报调度

2023 年丹江口水库防洪调度遵循水利部批复的《丹江口水利枢纽调度规程（试行）》（水建管〔2016〕377 号）相关规定，按照预报预泄、补偿调节、分级控泄的原则实施防洪调度；同时参照水利部批复的《丹江口水库优化调度方案》《2023 年长江流域水工程联合调度运用计划》和长江委批复的《2023 年度丹江口（含王甫洲）水库汛期调度运用计划》，在汛期水库调度运用、优化水位控制方面开展应用实践。2023 年 9 月下旬华西秋雨持续，丹江口水库连续发生了 2 次 10000m³/s 量级以上的涨水过程，27 日开闸泄洪转为防洪调度，控制库水位涨幅；10 月初，水库统筹兼顾防洪与蓄水，涨水段拦洪削峰，实施错峰调度，洪水过后调减出库，10 月 12 日 19 时蓄至正常蓄水位 170m，取得汉江秋汛防御与汛末蓄水的双胜利。

6.1　汛前消落

2023 年汛前汉江流域来水平稳，年初丹江口水库水位 158.15m。为保障供水安全，1—5 月按照长江委月度供水计划批复及实时调度指令进行水库调度，其间严格落实最小下泄流量要求，丹江口水库最小月均下泄流量 516m³/s，下泄过程满足汉江中下游河道内外生产生活和河道内生态用水等最小下泄流量要求。丹江口水库水位持续消落，4 月 2 日库水位降至 2023 年最低水位 153.92m，此后库水位逐步抬升。

5 月下旬后期，丹江口水库入库受降雨影响快速增大至 2000m³/s 左右，库水位于 5 月 29 日回升至 156m 以上，29 日调度小水电开机组第 1 台组开机发电；库水位仍保持较快速度上涨态势，预报 6 月上旬有洪水发生，6 月 3 日 10 时调度小水电机组第 2 台机组开机发电。2023 年第一场洪水（6 月 5 日洪峰 8970m³/s）入库后，库水位于 6 月 6 日上涨至 158m 以上；其间丹江口水库加大汉江中下游供水流量，16 日水位涨至 160m 开始加大供水，6 月 21 日进入主汛期库水位上涨至 160.98m，实施汛期运行水位浮动运行，上浮 1m 运用。6 月 16 日库水位上涨至 160m，进入夏汛期实施汛期运行上浮运用。

汛前消落期间，抓住春季生态调度的重要窗口期，结合丹江口水库汛前消落调度，于 2 月 19—28 日顺利开展了丹江口—王甫洲区间生态调度试验。其间向汉江中下游供水流量在 302～1520m³/s 波动，平均供水流量 707m³/s，最大与最小流量比为 5 倍，圆满完成了既定的试验任务，有效抑制和推迟了王甫洲库区水草生长，改善了汉江中下游水生态环境，做到一水多用。秋汛洪水期间，丹江口水库汉江中下游最大下泄流量达到 9800m³/s，王甫洲库区水草量明显减少，坝前水面无水草堆积，生态调度试验成效显著，为枢纽充分发挥生态效益、社会效益、经济效益提供了保障。

6.2　汛期动态控制

2023 年，汉江流域主汛期（6 月 21 日至 8 月 31 日）水情总体平稳，丹江口水库发生 2 次 5000m³/s 量级以上的涨水过程，最大入库流量分别为 5850m³/s（7 月 4 日 8 时）、5890m³/s（8 月 27 日 7 时）。

夏汛期承接汛前消落期运行水位，其间基本按照优化调度方案确定原则和条件进行调度，长江委据此对丹江口水库下达 7 次调度令进行调度，结合预见期降雨预报强度控制水位上浮幅度。6 月 24 日 8 时库水位 161.25m，汉江中下游供水流量逐步加大至电站满发流量控制，库水位仍保持上涨态势。7 月上旬水库发生洪水过程（7 月 4 日 8 时洪峰流量 5850m³/s），库水位 7 月 4 日上涨至 162m（夏汛期优化浮动上限），最高浮动运用至 162.17m，此后在各口门加大供水情况下，汉江中下游供水按电站满发流量控制，运行水位缓慢消落；7 月 18 日 8 时，丹江口水库水位降至 161.88m，汉江中下游供水由 1500m³/s 左右逐步调减至 600m³/s，控制水位降速，7 月 27 日最低降至 161.34m，随后波动回升，8 月 12 日库水位再次回升至 162m 以上并维持。8 月中下旬汉江上游发生连续强降雨过程，水库衔接夏汛期运行水位，8 月 21 日以 162.12m 进入夏秋汛过渡期，8 月 29 日库水位达到优化调度方案设置的夏秋汛过渡期运行水位 163.5m，顺利实现夏秋汛过渡。9 月上中旬，水库按计划实施调度，结合雨水情继续实施汛期运行水位浮动运用。

6.3　秋汛洪水调度

根据汉江流域雨水情形势及阶段调度目标，2023 年汉江秋汛期间（9 月 21 日至 10 月 12 日）洪水预报调度过程总体上可分为 5 个阶段，如图 6.3-1 所示。

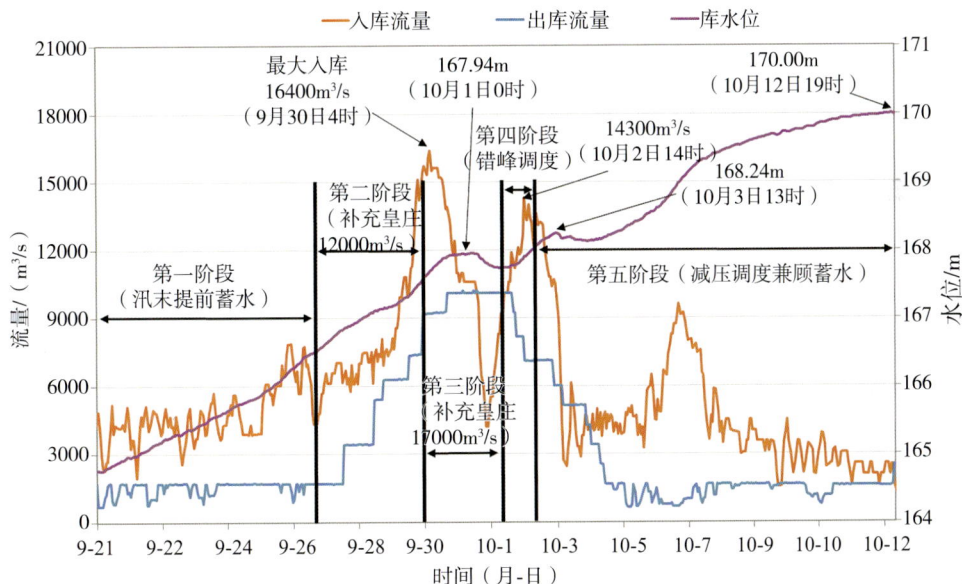

图 6.3-1　汉江丹江口水库秋汛调度过程

（1）第一阶段（9 月 21—26 日）：汛末提前蓄水

1）前期雨水情

9 月中旬，汉江流域降水较少，流域来水较为平稳，丹江口水库旬均入、出库流量分别为 1870m³/s、1040m³/s，丹江口及丹皇区间来水量级总体不大，汉江中下游主要控制站水位平稳波动。9 月 21 日 8 时，汉江中下游皇庄、兴隆、仙桃、汉川站水位分别为 42.93m、31.79m、25.45m、20.48m。

2）预报雨水情

根据长江委水文局预报，21 日预计：22—26 日，汉江上中游有中—大雨、局地暴雨的降雨过程，其中，23 日雨区范围较大，强度较强。22 日对此次降雨过程的量级和落区进行了确认。9 月 23 日延伸期开始预测 10 月上旬汉江流域将有一轮降雨过程，强度以中等强度为主，持续时间也较短，为 2 天左右。

受未来强降雨影响，21—22 日预计：25 日前后丹江口水库将有一次 8000m³/s 量级左右的涨水过程，9 月 26 日滚动水情预报分析丹江口 9 月底入库洪水量级在 10000m³/s 左右。

3）调度决策

本阶段，虽然短中期及延伸期降雨预报提示 10 月上旬汉江流域有 1 次降雨过程，但初步判断强度偏弱；同时，考虑丹江口水库有一个明显的涨水过程，其间，丹江口水库未开闸泄洪，因此依据批复的《丹江口水库 2023 年汛末提前蓄水计划》"实施汛末提前蓄水，计划 9 月底蓄水至 167.5m 左右，10 月 1 日之后逐步抬升至正常蓄水位 170m" 进行调度，月底目标水位为 167.5m。此阶段，丹江口水库日均入库流量由 3670m³/s 涨至 6430m³/s，下泄流量为 1310～1700m³/s，9 月 27 日 8 时库水位涨至 166.64m。

（2）第二阶段（9 月 27—29 日）：补偿皇庄不超 12000m³/s

1）前期雨水情

22—26 日，汉江上中游有一次大雨、局地暴雨的降雨过程。过程累计面雨量：丹皇区间 73mm，白河—丹江口 71mm，石泉—白河 65mm，石泉以上 52mm。在本次降雨过程中，9 月 23 日降雨较强，汉江白河—皇庄区间有中—大雨、局地暴雨，其余各日以中雨、局地大雨天气为主。受实况降雨影响，汉江上游来水波动增加，安康水库、潘口水库开闸泄洪，丹江口水库发生小幅涨水过程，9 月 27 日 8 时，水库入、出库流量分别为 6150m³/s、1710m³/s，汉江中下游主要控制站水位波动，9 月 27 日 8 时，汉江中下游皇庄、兴隆、仙桃、汉川站水位分别为 44.45m、35.21m、30.11m、24.77m。

2）预报雨水情

根据长江委水文局预报，26 日预计：27—30 日，汉江上游有中雨、局地大雨的降水过程。27 日对此次降雨过程的量级和落区进行了确认。9 月 26 日开始的延伸期预报预计汉江上游 10 月上旬的降雨过程时间有所延长，9 月 29 日的延伸期预报预计 10 月上旬汉江上游的降雨过程将延长至 10 月 8 日。

针对汉江流域的短中期及延伸期降雨预报均有所加强，降雨过程也延长至 10 月 8 日，水情预报相应也逐步调整。27—29 日预计：丹江口水库来水波动增加，30 日最大入库流量在 13000m³/s 左右，10 月上旬还将有一次 15000m³/s 左右的涨水过程，丹皇区间 10 月 1 日前后有一次 3000m³/s 量级的涨水过程。

3）调度决策

本阶段，考虑实况及预见期来水预报，丹江口和皇庄站洪水量级未达到 10 年一遇。根据《汉江洪水与水量调度方案》《丹江口水利枢纽调度规程》《丹江口水库优化调度方案（2021 年度）》，本阶段调度目标为控制皇庄不超过允许泄量 12000m³/s，丹江口水库调洪最高水位不超过 168.6m。长江委下达长水调电〔2023〕97 号、100 号、102 号、105 号、106 号共 5 次调度令，依据来水及中下游防洪形势，逐步增加丹江口水库出库流量。丹江口水库于 27 日 18 时开启 2 个深孔泄洪，下泄流量按 3100m³/s 控制；28 日 14 时增开 1 个深孔、2 个堰孔，下泄流量按 5900m³/s 控制；29 日 13 时再次增开 1 个堰孔，下泄流量按 7000m³/s 控制；29 日 22 时关闭 1 个堰孔、增开 2 个深孔和 1 个堰孔，下泄流量按 8800m³/s 控制。此阶段，丹江口水库出库流量由 1710m³/s（9 月 27 日 8 时）逐步加大至 9250m³/s（9 月 30 日 8 时），库水位持续上涨，9 月 30 日 8 时，丹江口水库水位 167.78m。

（3）第三阶段（9 月 30 日至 10 月 1 日）：补偿皇庄不超 17000m³/s

1）前期雨水情

27—30 日，汉江上游有一次中雨、局地大雨的降雨过程。过程累计面雨量：石泉—白河 49mm，白河—丹江口 42mm。在本次降雨过程中，落区主要在汉江的石泉—丹江口，强度为中等。受降水影响，汉江流域发生明显涨水过程，多条支流发生较大涨水过程。汉江上游安康水库持续开闸泄洪，受强降雨和上游水库调度影响，丹江口水库来水明显上涨，29 日 11 时，长江委水文局发布丹江口库区洪水蓝色预警，29 日 20 时丹江口水库入库流量 15100m³/s，"汉江 2023 年第 1 号洪水"在汉江上游形成，30 日 4 时丹江口水库最大入库流量 16400m³/s。受丹江口水库下泄和丹皇区间来水影响，汉江中下游干流水位快速上涨，30 日 14 时，长江委水文局发布汉江中下游洪水黄色预警。

2）预报雨水情

根据长江委水文局预报，29 日预计：10 月 1—3 日，4—6 日，汉江上中游有 2 次较强的降雨过程，另外，2023 年第 14 号台风"小犬"已经生成，未来一周可能登陆我国。30 日基本维持 29 日预报结论，10 月 1—6 日汉江上游有持续较强降雨，14 号台风"小犬"路径以西行为主，有利于汉江上游雨带的维持。

根据短中期雨水情滚动预报分析，30 日预计：丹江口水库来水略退后快速转涨，10 月 7 日前后还将有一个 20000m³/s 量级涨水过程左右，最大 7 天洪量将超 10 年一遇，丹皇区间 10 月 1 日前后有一次 3000m³/s 量级涨水过程。

3）调度决策

本阶段，根据丹江口水库的分级补偿调度方式，本阶段调度目标为控制皇庄不超过允许泄量 17000m³/s，丹江口水库调洪最高水位不超过正常蓄水位 170.0m。根据此项调度目标，长江委下达 107 号调度令，继续加大丹江口水库出库流量，令丹江口水库自 9 月 30 日 14 时起向汉江中下游下泄（含机组发电）流量按 9800m³/s 控制。9 月 30 日 15 时，丹江口水库维持 9 孔（3 个堰孔、6 个深孔）下泄，将水库入库洪峰 16400m³/s 削减至 10100m³/s 出库，10 月 2 日 8 时库水位 167.75m。

（4）第四阶段（10 月 2 日）：错峰调度，控制中下游不超保

1）前期雨水情

9 月 30 日至 10 月 1 日，汉江石泉—皇庄区间有中—大雨、局地暴雨。累积面雨量：汉江石泉—白河 21.2mm，白河—丹江口 34.2mm，丹皇区间 32.3mm。受强降水影响，丹江口水库来水快速转涨，库水位波动。2 日 8 时，丹江口水库入、出库流量分别为 10600m³/s、10100m³/s，库水位 167.75m，2 日 9 时起丹江口水库向汉江中下游下泄流量减至 9000m³/s。受丹江口水库出库及区间降雨影响，汉江中下游干流水位快速上涨，但暂未超警戒水位，10 月 2 日 8 时，余家湖站水位涨至 63.07m（相应流量 11400m³/s）；皇庄站水位涨至 47.65m（相应流量 10600m³/s，警戒水位 48m）；兴隆站水位涨至 37.56m（相应流量 8510m³/s，警戒水位 40.7m）；仙桃站水位 32.03m（相应流量 6280m³/s，警戒水位 35.1m）。

2）预报雨水情

根据长江委水文局预报，2 日预计：2 日，汉江上中游有中雨，随后降雨减弱，4—6 日，汉江上游有一次中—大雨的降水过程，汉江上游降雨过程累计面雨量 30～50mm。

考虑预见期降雨和上游水库调度影响，预计：6 日，前后丹江口水库入库流量还有一次 13000m³/s 量级的涨水过程，汉江中下游各站水位将继续上涨，皇庄以下江段各站水位均超警戒水位。

3）调度决策

本阶段调度目标为调度丹江口水库与丹皇区间错峰，控制汉江中下游不超保证水位，尽量降低汉江中下游防洪压力，避免杜家台等分蓄洪区的启用。根据此项调度目标，长江委下达 112 号、113 号、114 号共 3 次调度令，依据来水及中下游防洪形势，实施错峰调度，调减下泄流量，令丹江口水库 10 月 2 日 9 时关闭 1 个深孔，下泄流量按 9000m³/s 控制；12 时再关闭 1 个堰孔，下泄流量按 7900m³/s 控制；17 时继续关闭 1 个堰孔，下泄流量按 6900m³/s 控制。10 月 3 日 8 时，向汉江中下游下泄流量由 2 日 8 时的 9800m³/s 减至 6900m³/s 左右，丹江口水库水位 168.17m，出库流量 7160m³/s。

（5）第五阶段（10 月 3—4 日）：减压调度，兼顾汛末蓄水

1）前期雨水情

10 月 2 日，汉江丹江口以下有中雨、局地大雨。日面雨量：丹皇区间 21mm，江汉平原 12～14mm，白河—丹江口 9mm。受强降雨影响，汉江上游及中游（丹皇区间）均发生较大涨水过程，10 月 2 日 17 时丹江口最大入库流量 14300m³/s，丹皇区间主要支流来水亦快速增加，汉江上中游洪水形成遭遇，10 月 2 日 22 时皇庄站水位涨至 48.02m，超过警戒水位 0.02m，"汉江 2023 年第 2 号洪水"在汉江中游形成，3 日洪峰通过襄阳河段，并逐步向下游演进，3 日 8 时，余家湖站水位 64.02m（相应流量 14100m³/s）；皇庄站水位涨至 48.42m（相应流量 12300m³/s，警戒水位 48m），3 日 8 时 16 分实测流量 12300m³/s（水位 48.43m）；兴隆站水位涨至 38.76m（相应流量 10300m³/s，警戒水位 40.7m）；仙桃站水位 33.32m（相应流量 7380m³/s，警戒水位 35.1m）；汉川站水位涨至 27.39m（警戒水位 29m）。

2）预报雨水情

根据长江委水文局预报，3 日预计：3 日，汉江上游北部附近有小—中雨；4—5 日，汉江上游有一次中—大雨的降水过程。3 日对汉江上游降雨过程较 9 月 29 日预报强度有所减弱，时间有所缩短。延伸期预报提示 6 日以后汉江流域无明显降雨过程。

根据短中期雨水情滚动预报分析：6 日前后将有一次 10000m³/s 左右涨水过程，此后快速消退。4 日 2 时丹皇区间最大流量在 7000m³/s 左右，此后转退。

3）调度决策

本阶段，丹江口来水快速消退，汉江中下游主要站水位快速上涨，并相继超警戒水位。据此，经会商讨论，确定本阶段调度目标为减轻汉江中下游防洪压力，缩短主要控制站水位超警时间。根据此项调度目标，长江委下达 115 号、117 号、118 号、119 号共 4 次调度令，依据来水及中下游防洪形势，继续调减下泄流量，令丹江口水库 3 日 12 时关闭 1 个表孔，下泄流量按 5800m³/s 控制；3 日 18 时、4 日 9 时、4 日 12 时、4 日 18 时、4 日 21 时分别关闭 1 个深孔，此后，丹江口水库按机组满发流量 1420m³/s 控制。按据此调度令，丹江口水库出库流量由 7160m³/s（10 月 3 日 8 时）减至 1690m³/s（10 月 4 日 21 时），最高调洪水位 168.24m（10 月 3 日 13 时）。

10 月 6 日丹江口水库再次发生接近 10000m³/s 量级的涨水过程，最大入库流量 9610m³/s（10 月 6 日 22 时），此时为兼顾丹江口水库蓄水、在洪水逐步消退时拦蓄尾洪，丹江口水库通过压减发电负荷，持续拉高库水位。10 月 12 日 19 时，丹江口水库在大坝加高后继 2021 年第 2 次蓄至正常蓄水位 170m，实现秋汛防御与汛后蓄水双胜利，为下一年度汉江中下游和南水北调中线工程供水打下了坚实的基础。此后，水库水位紧贴 170m 调度，169.95～170.00m 运行 24 天。

按此调度方式，汉江中下游主要控制站 10 月 3 日起陆续现峰，各站洪峰水位分别为：余家湖站 64.05m（10 月 3 日 4 时，相应流量 14400m³/s）、皇庄站 49.02m（10 月 4 日 7 时 54 分，相应流量 12800m³/s，如图 6.3-2 所示）、沙洋站 42.36m（10 月 4 日 23 时 10 分）、兴隆站 40.32m（10 月 5 日 1 时 45 分，相应流量 12400m³/s）、仙桃站 35.25m（10 月 5 日 16 时 5 分，相应流量 8740m³/s）、汉川站 29.39m（10 月 5 日 20 时）。

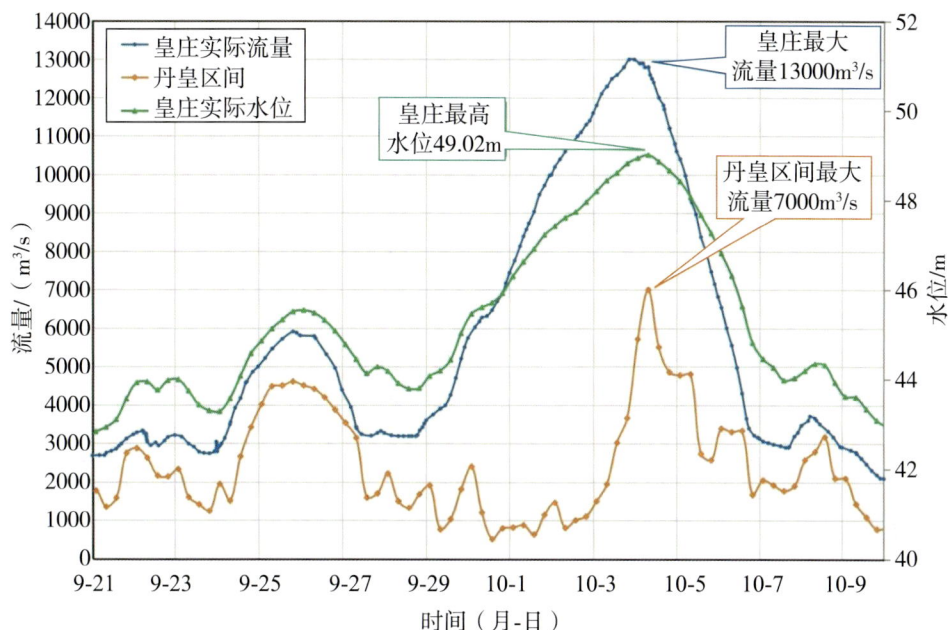

图 6.3-2　皇庄站水位、流量过程

6.4　调度效益

6.4.1　防洪效益

针对消落期洪水，丹江口水库在按计划供水的情况下，将入库洪峰由 8970m³/s 削减为 1410m³/s（含陶岔渠首、清泉沟渠首供水流量，下同），削峰率 84%。最高调洪水位 159.09m，洪水被全部拦蓄，拦蓄洪量 24.49 亿 m³。

针对主汛期两场超过 5000m³/s 量级的洪水，丹江口水库在按计划供水的情况下，削减入库洪峰流量，削峰率分别为 67%、71%，两次洪水被全部拦蓄，拦蓄洪量分别为 3.90 亿 m³、9.83 亿 m³。

秋汛期，汉江流域 2 次编号洪水过程中，流域水库群充分发挥拦洪、削峰、错峰作用，降低了汉江中下游主要控制站水位。在"汉江 2023 年第 1 号洪水"过程中，水库群累计拦洪约 11.9 亿 m³，其中丹江口水库约占 68%，安康、丹江口水库削峰率分别为 46%、38%。在"汉江 2023 年第 2 号洪水"

过程中，丹皇区间洪峰流量约 7000m³/s，丹江口水库 10 月 2 日关闭 3 孔，将水库入库洪峰 14300m³/s 削减至 6900m³/s 下泄，削峰率最大达 52%，拦蓄洪量总计 5.05 亿 m³，为中下游区间洪水削峰错峰，有效避免了丹江口入库洪峰与丹皇区间洪峰遭遇，将皇庄站洪峰流量从 20000m³/s 降低至 13000m³/s，有力保障了汉江流域防洪安全。根据还原分析，通过调度汉江流域水库群，有效降低汉江中下游主要控制站洪峰水位，最大降幅 0.7~1.5m，避免仙桃—汉川河段超保证水位（还原后超保时间 6 天左右）及杜家台分蓄洪区的启用，缩短主要控制站水位超警戒时间 5~11 天。

6.4.2 供水效益

10 月 12 日 19 时，丹江口水库再次成功蓄至 170m 正常蓄水位，标志着 2023 年汉江秋汛防御与汛后蓄水取得双胜利，为未来遭遇汉江中下游防洪标准 1935 年同大洪水水库调洪至防洪高水位 171.7m 提供重要的实践基础，也为 2023 年冬季至 2024 年春季南水北调中线工程和汉江中下游供水打下坚实基础。

（1）南水北调中线一期工程供水

南水北调中线一期工程通水以来年度供水量如图 6.4-1 所示。根据年度计划和《水利部办公厅关于同意调整南水北调中线一期工程 2022—2023 年度北京市、河北省用水计划的通知》（办南调〔2023〕227 号），陶岔渠首正常供水计划由年度计划的 71.38 亿 m³ 调整为 67.99 亿 m³，其中受水区收水 73.44 亿 m³（含生态补水 5.52 亿 m³）；根据《水利部办公厅关于同意调整南水北调中线一期工程 2023—2024 年度天津市用水计划的通知》（办南调〔2024〕248 号），陶岔渠首正常供水计划由年度计划的 71.21 亿 m³ 调整为 70.67 亿 m³。2023—2024 年，丹江口水库积极做好向南水北调中线工程受水区河流实施生态补水工作，助力黄淮海平原尤其是华北地区生态修复与地下水超采综合治理。

2022—2023 年陶岔渠首供水 74.11 亿 m³（其中生态补水 5.52 亿 m³）。得益于丹江口水库 2023 年汛末再次满蓄，2023—2024 年陶岔渠首供水 83.373 亿 m³，完成年度计划的 118%，分月完成长江委批复月（旬）计划的 92%~106%，累计向受水区生态补水 11.93 亿 m³，如表 6.4-1 所示。丹江口水库在严格按照年度及月度供水计划调度运行的前提下，结合受水区用水需求，于汛前消落期和汛期滚动优化水库调度方案，及时加大陶岔渠首供水流量，有效提高了水资源综合利用效益。

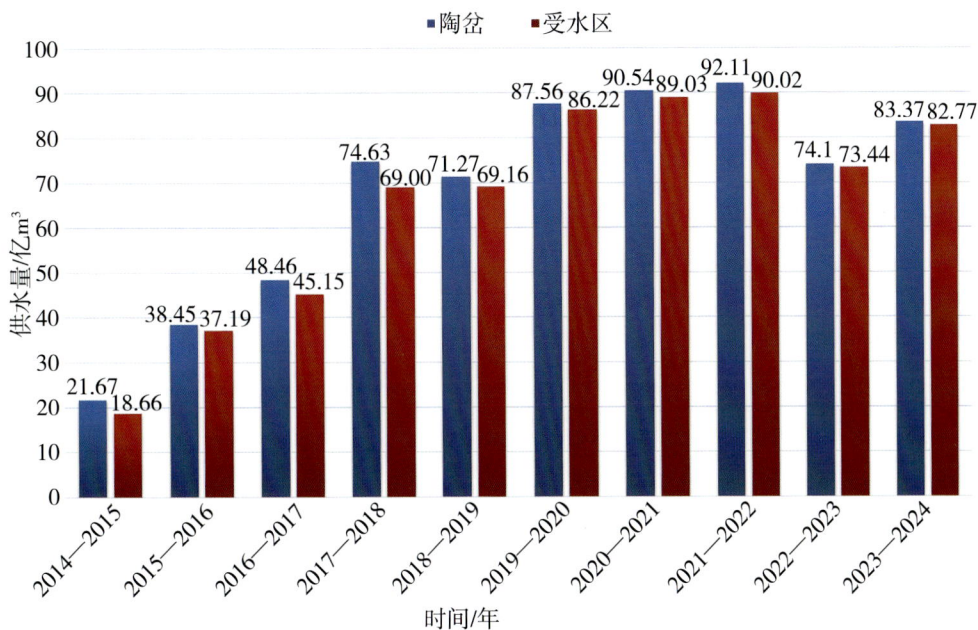

图 6.4-1　南水北调中线一期工程通水以来年度供水量

表 6.4-1　　　　　　　　　　陶岔渠首 2023—2024 年各月供水情况

时间	实际供水情况		水利部年度计划		长江委批复的月（旬）计划		
	水量 /亿 m³	流量 /（m³/s）	水量 /亿 m³	流量 /（m³/s）	水量 /亿 m³	流量 /（m³/s）	计划完成比例/%
2023 年 11 月	6.482	250	5.236	202	6.63	255	98
2023 年 12 月	6.238	233	5.276	197	6.24	233	100
2024 年 1 月	5.325	199	4.500	168	5.28	197	101
2024 年 2 月	5.582	223	4.234	169	5.26	210	106
2024 年 3 月	9.157	342	6.348	237	9.05	338	101
2024 年 4 月	8.189	316	6.143	237	8.53	329	96
2024 年 5 月	7.864	294	6.455	241	8.29	309	95
2024 年 6 月	7.283	281	6.895	266	7.26	280	100
2024 年 7 月	6.810	254	6.750	252	7.37	275	92
2024 年 8 月	7.502	280	6.723	251	7.93	296	95
2024 年 9 月	6.700	258	6.402	247	6.95	268	96

时间	实际供水情况		水利部年度计划		长江委批复的月（旬）计划		
	水量/亿 m³	流量/（m³/s）	水量/亿 m³	流量/（m³/s）	水量/亿 m³	流量/（m³/s）	计划完成比例/%
2024 年 10 月	6.241	233	5.710	239	6.37	238	98
年度合计	83.373	264	70.672	226	85.16	269	98

（2）汉江中下游供水

2023 年 1 月初丹江口水库水位 158.15m，1—5 月来水偏枯，供水形势较为严峻，中下游供水流量严格按照计划执行。其间严格落实最小下泄流量要求，丹江口水库最小月均下泄流量 516m³/s，下泄过程满足汉江中下游河道内外生产生活和河道内生态用水等最小下泄流量要求。

6 月中旬来水显著增加，结合丹江口水库实际来水蓄水情况，在保障防洪安全的前提下，及时增加了汉江中下游流量，实施汛期运行水位上浮运用，有效减少了汛期弃水，发挥了洪水资源化利用效益。秋汛洪水期间实施防洪调度，其间最大下泄流量 9850m³/s（含发电流量），最大泄洪流量 8380m³/s，中下游河道水势平稳，安全度汛。

2023—2024 年丹江口水库结合防洪、供水、生态、发电等累计向汉江中下游下泄水量 296.116 亿 m³。得益于 2023 年末蓄水位较高，2024 年汛前水库来水特丰，相机增加了汉江中下游下泄水量，顺利完成了汛前水位消落任务。7 月洪水期间实施防洪调度，其间最大下泄流量 3960m³/s（含发电流量）。8 月 29 日起转变调度策略，逐渐调减汉江中下游供水流量至年度供水计划流量 520m³/s。2023—2024 年丹江口水库最小月均下泄流量 524m³/s，下泄过程满足汉江中下游河道内外生产生活和河道内生态用水等最小下泄流量要求。2023—2024 年汉江中下游各月供水情况如表 6.4-2 所示。

2023—2024 年陶岔渠首水质监测断面水质全部符合供水要求，断面水质综合评价结论为符合 I 类水质标准的有 284 天，占 78%；符合 II 类水质标准的有 82 天，占 22%。

表 6.4-2　　　　　　　　2023—2024 年汉江中下游各月供水情况

时间	实际下泄		年计划供水流量/（m³/s）	长江委批复月计划		
	水量/亿 m³	流量/（m³/s）		水量/亿 m³	流量/（m³/s）	计划完成比例/%
2023 年 11 月	25.072	967	510	25.92	997	97
2023 年 12 月	17.756	663	520	20.09	750	88
2024 年 1 月	27.497	1027	520	26.78	1000	103
2024 年 2 月	26.512	1058	600	26.78	1000	106
2024 年 3 月	24.010	896	530	24.11	900	100
2024 年 4 月	23.390	902	530	22.36	835	108
2024 年 5 月	25.158	939	530	24.80	926	101
2024 年 6 月	14.651	565	530	15.27	570	99
2024 年 7 月	45.338	1693	530	45.37	1694	100
2024 年 8 月	37.667	1406	520	37.95	1417	99
2024 年 9 月	15.025	580	520	15.11	564	103
2024 年 10 月	14.040	524	520	13.93	520	101
合计	296.116	935	530	298.47	931	100

（3）清泉沟供水

2023 年，清泉沟渠首供水量 13.46 亿 m³，其中，襄阳市引丹工程供水量 11.76 亿 m³，鄂北地区水资源配置工程供水量 1.70 亿 m³。襄阳市引丹工程供水有效满足灌区群众生产、生活用水需求，2023 年实际灌溉面积约 160 万亩，供给襄阳市"一市三区"（老河口市、襄州区、樊城区、高新区）及襄北农场 132 万人安全饮水。2023 年 5—6 月汛前消落期间，为有效控制汛前水位，适度增加了丹江口水库向襄阳市引丹工程的供水量 0.45 亿 m³。汛期根据防洪调度需要和工程用水需求，增加向襄阳市引丹工程供水量 5.58 亿 m³，有力保障了灌区农作物生长关键期用水需求。

水利部下达襄阳引丹工程、鄂北地区水资源配置工程 2023—2024 年供水计划水量分别为 6.28 亿 m³、3.04 亿 m³，合计 9.32 亿 m³。2023—2024 年清泉沟渠首合计供水 15.117 亿 m³，为年度计划的 162%。分月完成长江委批复月（旬）计划的 86%～113%。襄阳引丹工程累计供水 14.68 亿 m³，为年度计划的 234%；鄂北水资源配置工程累计供水 0.44 亿 m³，为年度计划的 14%，其中 2024 年 2—3 月、5 月、8 月，工程暂停供水。2023—2024 年清泉沟各月供水情况如表 6.4-3 所示。

表 6.4-3　　　　　　　　2023—2024 年清泉沟各月供水情况

时间	实际供水		年计划供水流量/（m³/s）	长江委批复月（旬）计划		
	水量/亿 m³	流量/（m³/s）		水量/亿 m³	流量/（m³/s）	计划完成比例/%
2023 年 11 月	1.504	58.0	25.0	1.40	54.2	107
2023 年 12 月	1.439	53.7	25.0	1.34	50.2	107
2024 年 1 月	1.460	54.5	24.0	1.36	50.9	107
2024 年 2 月	1.303	52.0	26.0	1.28	50.9	102
2024 年 3 月	1.339	50.0	28.0	1.40	52.1	96
2024 年 4 月	1.220	47.1	29.0	1.25	48.1	98
2024 年 5 月	1.307	48.8	32.0	1.52	56.7	86
2024 年 6 月	1.103	42.6	34.0	0.98	37.7	113
2024 年 7 月	1.146	42.8	35.0	1.27	47.6	90
2024 年 8 月	1.516	56.6	34.0	1.49	55.6	102
2024 年 9 月	0.952	36.7	31.0	0.87	33.7	109
2024 年 10 月	0.828	30.9	30.0	0.86	32.0	97
合计	15.117	47.8	29.4	15.02	47.5	101

6.4.3　发电效益

丹江口水力发电厂是湖北电网的主力调频电厂，同时承担了湖北电网重要的调峰、调相和事故备用的任务，对保证电网的安全运行、改善供电质量和提高电网的经济效益起到重要作用。2023 年，汉江流域来水丰沛，丹江口水利枢纽全年发电量 43.2 亿 kW·h，超多年平均发电量 9.4 亿 kW·h，相当于替代标准煤 174 万 t，减排二氧化碳 431 万 t、二氧化硫 1.3 万 t、氮氧化物 1.02 万 t，为实现"双碳"目标、保卫蓝天碧水作出重要贡献。2023 年丹江口水库兴利调度情况如表 6.4-4 所示。

表 6.4-4　　　　　　　　　　　　2023 年丹江口水库兴利调度情况

月份	月初水位 /m	入库流量 /（m³/s）	陶岔水量 /亿 m³	清泉沟水量 /亿 m³	发电用水量 /亿 m³	弃水量 /亿 m³	发电量 /（亿 kW·h）
1	158.15	291	4.68	0.60	14.82		2.41
2	156.47	423	4.38	0.49	14.69		2.35
3	155.13	502	6.10	0.68	14.54		2.27
4	153.94	1083	5.95	0.85	14.45		2.26
5	154.89	1235	6.16	0.92	13.81		2.16
6	156.56	2776	7.07	1.29	23.23		3.99
7	161.66	1607	9.59	1.65	30.54		5.39
8	161.76	1578	5.84	1.04	18.17		3.14
9	163.69	3342	5.88	1.46	38.89	13.86	4.49
10	167.94	3434	6.55	1.53	62.68	27.85	6.68
11	170.00	771	6.48	1.50	25.07		4.80
12	168.69	476	6.24	1.44	17.76		3.24
合计			74.92	13.45	288.65	41.71	43.18

6.4.4　生态效益

（1）南水北调中线工程向北方受水区生态补水效益

2022—2023 年南水北调中线一期工程向华北地区白洋淀、滹沱河等生态补水 5.52 亿 m³，助力华北地区地下水超采综合治理和生态环境复苏。

截至 2024 年 11 月，南水北调中线一期工程通水近 10 年来，累计调水 682.17 亿 m³，其中生态补水 106.73 亿 m³。工程向北京市、天津市累计调水均超百亿立方米，南水已占北京城区供水量的 70% 以上，天津市主城区供水几乎全部为南水。河南省境内白河、贾鲁河、淇河、安阳河等 25 条河流水清岸美。河北省滏阳河、滹沱河、七里河等 13 条河流保持常流水，生态补水恢复了河道基流，形成有水河段长度超过 1200km。天津市城区段河道水质明显改善，北京市地下水平均埋深明显回升，沿线地下水位明显回升。

（2）控制伊乐藻过度生长生态调度效益

为进一步贯彻"生态优先、绿色发展"新理念，巩固以往生态调度成果，保障王甫洲枢纽行洪与发电安全，综合考虑长江委水资源调度与湖北省电力调度，2023 年 2 月 19—28 日，汉江集团抓住春季生态调度的重要窗口期，连续第 4 年在春季开展控制伊乐藻过度生长的生态调度试验。

根据丹江口坝下黄家港水文站观测，生态调度期间断面流量在 328～1560m³/s 波动，流量极值比为 4.76，超过了流量极值比 2.0 的预期，并且最大流量达到了冲刷伊乐藻所需的 1500m³/s 的阈值条件，如图 6.4-2 所示。

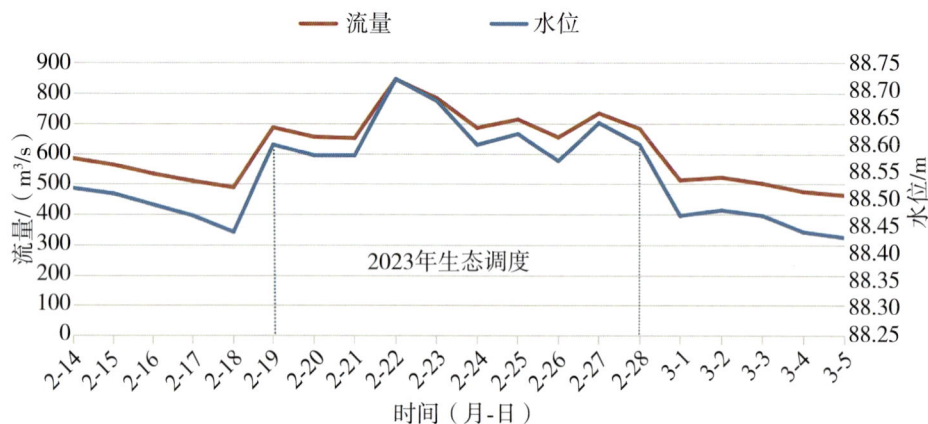

图 6.4-2 汉江丹江口—王甫洲区间 2023 年控制伊乐藻过度生长的生态调度过程

在本次生态调度试验前后开展了 2 次水草调查：第 1 次调查时间为 2023 年 2 月 15—16 日，调查了丹江口—王甫洲区间水域 13 处，3 处水域存在伊乐藻，光化大桥左岸伊乐藻密度最高，达到 2750g/m²；第 2 次调查时间为 2023 年 3 月 8—9 日，调查了丹江口—王甫洲区间水域 19 处，2 处水域存在少量伊乐藻，藻密度均不超过 10g/m²。

2 次调查位置一致水域 10 处，伊乐藻密度如图 6.4-3 所示。对比 2 次伊乐藻密度变化情况，可见生态调度试验后伊乐藻呈显著减少趋势。一是第 1 次调查发现伊乐藻的 3 处水域在生态调度实施后藻密度均降至 0。这说明生态调度显著减少了原来存在伊乐藻的水域。二是其他 7 处水域，在第 2 次调查时仅 1 处出现少量伊乐藻，密度 10g/m²。这说明生态调度试验期间伊乐藻已处于萌发生长状态，生态调度可有效抑制和推迟区间水域伊乐藻等沉水植物萌芽生长。2023 年汛前生态调度试验前后区间伊乐藻密度分布如图 6.4-3 所示。

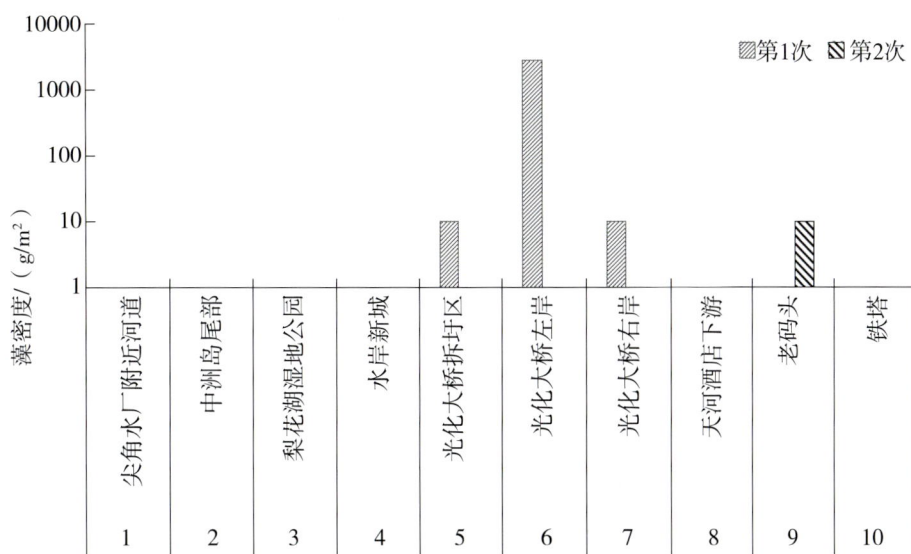

图 6.4-3 2023 年汛前生态调度试验前后区间伊乐藻密度分布

通过实施生态调度措施，丹江口—王甫洲区间江段入侵沉水植物伊乐藻生物量和分布面积逐年减小。根据调查，近 5 年调查结果显示，丹江口—王甫洲区间伊乐藻生物量从 2019 年的 4.8 万 t 减少至 2020 年的 1.3 万 t，2021 年进一步降低至 0.58 万 t，2022 年锐减至 0.004 万 t，2023 年则降低至 0.0013 万 t；而伊乐藻分布面积，从 2019 年约 11.6km^2 减少至 2020 年约 2.02km^2，2021 年减少至 0.48km^2，2022 年进一步减少至 0.23km^2，2023 年已减小至 0.063km^2，成效显著。

第 7 章 结 语

7.1 主要认识

（1）2023 年汉江流域发生 5～10 年一遇秋季洪水

2023 年 9 中旬至 10 月上旬，汉江流域共发生 4 次暴雨过程，累计雨量达到 267.6mm，较多年均值偏多 1.8 倍，位列 1961 年以来同期第 1 位。受此影响，2023 年秋汛期，汉江流域接连发生 2 次编号洪水，汉江中下游宜城以下江段全线超警戒，超警幅度 0.15～1.02m，超警历时 2～4 天。经洪水还原分析，2023 年汉江秋季洪水为 5～10 年一遇，其中丹江口最大 7 天洪量接近秋季 5 年一遇，皇庄站洪峰流量接近秋季 5 年一遇，最大 7 天洪量超过 5 年一遇，丹皇区间最大 7 天洪量超过 5 年一遇，接近 10 年一遇。参照《水文情报预报规范》（GB/T 22482—2008）的规定，综合判断 2023 年汉江流域发生 5～10 年一遇秋季洪水。

（2）水工程联合调度助力汉江秋汛防御取得胜利

秋汛期，在汉江流域 2 次编号洪水过程中，流域水库群充分发挥拦洪、削峰、错峰作用，降低了汉江中下游主要控制站水位。在"汉江 2023 年第 1 号洪水"过程中，水库群累计拦洪约 11.9 亿 m^3，其中丹江口水库约占 68%，安康、丹江口水库削峰率分别为 46%、38%。在"汉江 2023 年第 2 号洪水"过程中，丹皇区间洪峰流量约 7000m^3/s，丹江口水库将水库入库洪峰流量由 14300m^3/s 削减至 6900m^3/s 下泄，削峰率最大达 52%，拦蓄洪量总计 5.05 亿 m^3，为中下游区间洪水削峰、错峰，有效避免了丹江口入库洪峰与丹皇区间洪峰遭遇，将皇庄站洪峰流量从 20000m^3/s 降低至 13000m^3/s，有力保障了汉江流域的防洪安全。根据洪水还原分析，通过调度汉江流域水库群，有效降低汉江中下游主要控制站洪峰水位，最大降幅 0.7~1.5m，避免仙桃—汉川河段超保证水位（还原后超保时间 6 天左右）及杜家台分蓄洪区的启用，缩短主要控制站水位超警戒时间 5~11 天。

（3）防洪与蓄水相统筹再次实现丹江口水库蓄至正常蓄水位

汛末，统筹防洪和蓄水调度，在洪水逐步消退时拦蓄尾洪，丹江口水库通过压减发电负荷，持续拉高库水位，实现在大坝加高后继 2021 年第 2 次蓄至正常蓄水位 170m（10 月 12 日 19 时），标志着 2023 年汉江秋汛防御与汛后蓄水取得双胜利，为未来遭遇汉江中下游防洪标准 1935 年同大洪水水库调洪至防洪高水位 171.7m 提供重要的实践基础，也为 2023 年冬季至 2024 年春季南水北调中线工程和汉江中下游供水打下坚实基础。

（4）多目标联合优化调度提升水资源综合利用效益

2023 年，汉江流域来水丰沛，丹江口水利枢纽全年发电量 43.2 亿 kW·h，超多年平均发电量 9.4 亿 kW·h，相当于替代标准煤 174 万 t，减排二氧化碳 431 万 t、二氧化硫 1.3 万 t、氮氧化物 1.02 万 t，为实现"双碳"目标、保卫蓝天碧水作出重要贡献。得益于 2023 年蓄至正常蓄水位，2023—2024 年，丹江口水库结合防洪、供水、生态、发电等累计向汉江中下游下泄水量 296.116 亿 m³，最小月均下泄流量 524m³/s，下泄过程满足汉江中下游河道内外生产生活和河道内生态用水等最小下泄流量需求的同时，全力维持秋汛期中下游河道水势平稳，安全度汛。同时，利用较为丰富的水资源，丹江口水库积极做好向南水北调中线工程受水区河流实施生态补水工作，2023—2024 年陶岔渠首供水 83.37 亿 m³，完成年度计划的 118%，分月完成批复月（旬）计划的 92%~106%，累计向受水区生态补水 11.93 亿 m³；向华北地区白洋淀、滹沱河等生态补水 5.52 亿 m³，助力华北地区地下水超采综合治理和生态环境复苏。

7.2 存在问题及建议

7.2.1 存在问题

（1）长期预测精度不高影响水库调度策略的决策

从 2023 年汛期水库调度思路看，调度决策对长期预测的依赖性较大，一定程度上忽视了长期预测存在的不确定性。基于 2023 年汉江汛期和秋汛期来水均偏少的长期气候趋势预测，为保障 2023 年冬季至 2024 年春季供水，丹江口水库调度采用了尽量提高汛期浮动水位的策略，使得夏汛期运行水位浮动至上限 162m 左右，且在 9 月初坚持以蓄水调度为主抬高水位，从而导致了丹江口水库在面临中下旬连续洪水时起调水位较高。在今后的调度过程中一方面需要进一步提高长期预测的准确性，另一方面也需要逐步加强与相关单位的信息交流，在制定水库调度策略时尽可能考虑预报不确定性所带来的调度风险。

（2）关键期影响预报因素复杂多变，难以满足精准调度需要

一是依据延伸期降雨预报开展洪水与来水作业预报虽然有效增长预见期，但降雨预报不确定性较大，也引发洪水与来水预报的较大调整和变动。因此，水库短期调度策略应以 1～3 天降雨和来水预报结果为主，4～7 天和延伸期降雨和来水预报结果可作为参考。二是上游干支流部分水库调度信息掌握不充分，对丹江口入库洪水影响估计不足。以秋汛期两场洪水为例，由于 2023 年秋汛是上游旬阳、蜀河、白河、孤山等梯级完工后经历的第 1 次较大洪水过程，上游电站洪水预报和调度经验存在不足，同时由于安康—丹江口干流梯级电站调节库容有限，其防洪调度规律也难以掌握。三是丹江口水库坝前龙王庙水位的连续跳变导致入库反算不准确，造成了关键期水情信息不准确，增加了调度难度。

（3）汛期运行水位上浮水量的运用不充分

一是夏汛期运行水位上浮留存在汛限水位以上部分的水量利用不够充分。2023 年夏汛期水位浮动期间丹江口水库来水相对平稳，有条件按照优化调度方案成果及时通过加大供水，从而降低水位浮动幅度，若降低浮动水位

1.5m，可多利用水量 12.4 亿 m³，同时在一定程度可降低秋汛期防洪压力。二是秋汛期水位上浮运用期间加大供水流量不够果断，秋汛期汛限水位以上上浮水量的利用不够充分。9 月上旬末预判流域将出现明显涨水过程，但水库加大汉江中下游流量供水方面明显滞后，9 月 24 日库水位涨至 165.5m 之后才满发，若在 9 月 15 日提前加大至满发，可减少弃水约 3.9 亿 m³。

（4）汛末提前蓄水进程控制尚有进一步的优化空间

一是提前蓄水目标与实操衔接不够。根据 9 月中旬雨水情预报，9 月下旬丹江口水库水位可能超过优化调度方案规定的浮动上限水位 165.5m，在此预测情景下，丹江口水库弃水风险高，应以避免或减少弃水为目标及时调整汉江中下游供水流量至电站满发的调度方式衔接提前蓄水。二是提前蓄水和防洪调度转换略显滞后。面对快速变化的雨水情势，丹江口水库 9 月下旬开闸泄洪与 10 月上旬由防洪调度转为蓄水调度的决策不够果断，导致水库增加弃水 1.3 亿 m³。

7.2.2 建议

（1）加强长期气候趋势研判协作，提升雨水情预报能力

长期气候趋势预测精度不高是业界难题，近年来极端天气频发，预测不确定性增加。为了进一步提高长期预测的精度，应加密气候趋势预测会商，加强与技术优势单位的合作，深入研究汉江流域秋汛期强降水结束判别条件，对 2023 年汛期降水预报中暴露出来的问题，进行深入分析研究，全面提升降水预报能力和水平。同时，加强干支流洪水调度演进规律和支流梯级调蓄作用对丹江口水库蓄水关键期影响等规律分析，加快推进丹江口水库坝前水文精准监测和入库流量反算等研究工作，及大坝近坝区上下游水下地形观测和数字化场景构建，提升流域洪水预报能力。

（2）深化丹江口水库优化调度成果实践，提高水资源综合利用能力

全面复盘 2023 年秋汛期丹江口水库防洪与蓄水调度过程，分析预报调度过程存在的问题和短板。进一步加强汛期运行水位上浮运用期间汛限水位以上部分水量的利用，开展基于供水保障安全的丹江口水库运行水位控制分析，深化丹江口水库平水年和丰水年优化调度运用方式研究。优化汛末蓄水

进程，在 10 月初水位蓄至 167m 中线供水保障无虞的情况下，协调后期蓄水进程和发电效益，减少弃水，提高水量利用率。同时，围绕汉江流域实时预报调度业务需求，持续滚动编制丹江口水库实时防洪预报调度方案，支撑丹江口水库拦洪、错峰、削峰调度，保障流域防洪安全。

（3）推进流域水库联合调度

目前，规划确定的汉江干支流治理开发骨干工程均已建成或正在实施，汉江流域控制性水工程已颇具规模。但是，汉江干支流控制性水工程由于各自综合利用任务不尽相同，运行管理分属不同行业、单位，调度关系复杂。2023 年 9 月下旬提前蓄水期间，长江委协调安康、黄龙滩水库配合丹江口水库进行短暂联合调度，由于各水库蓄水进程不一，联合调度效益不明显。建议进一步加强汉江流域水工程联合调度实践，协调推进构建高效的联合调度机制，充分发挥水工程综合效益。